"101 计划"核心教材
数学领域

微分几何

来米加 编著

北京大学出版社
PEKING UNIVERSITY PRESS

内容提要

本书系统阐述微分几何的基础理论与核心内容，分为三大知识模块：曲线与曲面的局部理论、曲面内蕴几何学，以及微分流形初步。第一部分以三维欧氏空间的曲线曲面论为起点，系统讲解曲线的曲率，挠率，Frenet 标架，以及曲面的第一、第二基本形式，Gauss 曲率，平均曲率等核心概念，最终以 Fary-Milnor 定理作为升华；第二部分通过 Gauss 绝妙定理引出内蕴几何学，深入探讨协变导数、平行移动、测地线、指数映射等核心概念，并系统介绍 Gauss-Bonnet 公式、Hopf-Rinow 定理、常曲率空间分类，以及带符号曲率曲面的拓扑等整体微分几何经典结果；第三部分介绍微分流形基础理论，精要讲解切空间、向量场、分布、微分形式等核心概念，以 de Rham 定理和 Hodge 定理作为理论高点。

全书注重几何直观，留白一些常规证明，为读者后续学习现代 Riemann 几何构建坚实基础，并启发更深入的思考。本书可作为数学、理论物理等专业本科生及研究生的入门教材，也可供相关科研工作者参考使用。

总 序

　　自数学出现以来,世界上不同国家、地区的人们在生产实践中、在思考探索中以不同的节奏推动着数学的不断突破和飞跃,并使之成为一门系统的学科。尤其是进入 21 世纪之后,数学发展的速度、规模、抽象程度及其应用的广泛和深入都远远超过了以往任何时期。数学的发展不仅是在理论知识方面的增加和扩大,更是思维能力的转变和升级,数学深刻地改变了人类认识和改造世界的方式。对于新时代的数学研究和教育工作者而言,有责任将这些知识和能力的发展与革新及时体现到课程和教材改革等工作当中。

　　数学"101 计划"核心教材是我国高等教育领域数学教材的大型编写工程。作为教育部基础学科系列"101 计划"的一部分,数学"101 计划"旨在通过深化课程、教材改革,探索培养具有国际视野的数学拔尖创新人才,教材的编写是其中一项重要工作。教材是学生理解和掌握数学的主要载体,教材质量的高低对数学教育的变革与发展意义重大。优秀的数学教材可以为青年学生打下坚实的数学基础,培养他们的逻辑思维能力和解决问题的能力,激发他们进一步探索数学的兴趣和热情。为此,数学"101 计划"工作组统筹协调来自国内 16 所一流高校的师资力量,全面梳理知识点,强化协同创新,陆续编写完成符合数学学科"教与学"特点,体现学术前沿,具备中国特色的高质量核心教材。此次核心教材的编写者均为具有丰富教学成果和教材编写经验的数学家,他们当中很多人不仅有国际视野,还在各自的研究领域作出杰出的工作成果。在教材的内容方面,几乎是包括了分析学、代数学、几何学、微分方程、概率论、现代分析、数论基础、代数几何基础、拓扑学、微分几何、应用数学基础、统计学基础等现代数学的全部分支方向。考虑到不同层次的学生需要,编写组对个别教材设置了不同难度的版本。同时,还及时结合现代科技的最新动向,特别组织编写《人工智能的数学基础》等相关教材。

　　数学"101 计划"核心教材得以顺利完成离不开所有参与教材编写和审订的专家、学者及编辑人员的辛勤付出,在此深表感谢。希望读者们能通过数学"101计划"核心教材更好地构建扎实的数学知识基础,锻炼数学思维能力,深化对数学的理解，进一步生发出自主学习探究的能力。期盼广大青年学生受益于这套核心教材，有更多的拔尖创新人才脱颖而出！

田　刚

数学"101 计划"工作组组长

中国科学院院士

北京大学讲席教授

前　言

几何学在人类文明进程中扮演重要角色，对空间和时间的几何学理解贯穿人类理性文明的整个发展过程. 笔者在此前言中尝试勾勒一段几何学演进的极简历史脉络.

一、古希腊仰观宇宙　公元前 300 年左右，古希腊数学家 Euclid (欧几里得) 集 Pythagoras (毕达哥拉斯) 学派、Plato (柏拉图) 学派等前人的几何成就之大成，撰写了划时代的数学巨著《几何原本》(*Elements*). 这部著作以五条公设和五条公理为基础，通过严密的逻辑演绎，系统推演出 465 个命题，建立了人类历史上第一个完整的公理化体系，奠定了演绎科学的基础，其影响深远至整个自然科学领域. 全书共十三卷，其中有九卷介绍几何学，四卷涉及数论.

在古希腊时代，几何学知识在量天测地上取得了卓越成就，其中最为人称道的实例便是希腊化时期百科全书式学者 Eratosthenes (埃拉托色尼，约公元前 276—前 194 年) 对地球周长的精确估算. 他注意到，在夏至日正午，上埃及的赛伊尼城 (今阿斯旺) 阳光直射井底，而隔年同一时刻的亚历山大港，太阳却与天顶存在约 7.2° (圆周 360° 的 1/50) 的夹角. 为计算地球周长，Eratosthenes 还需要确定赛伊尼城与亚历山大港之间的实际距离. 据传，他通过调查商队的行程时间与骆驼步数，估算两地相距约 5 000 希腊里 (stadia). 据此，他得出地球周长约为 252 000 希腊里，换算为现代单位约 39 690 千米. 鉴于地球为扁球体，周长并无统一定义，现代技术测量通过南北极的周长约为 4 万千米. Eratosthenes 估算精度之高令人叹为观止！

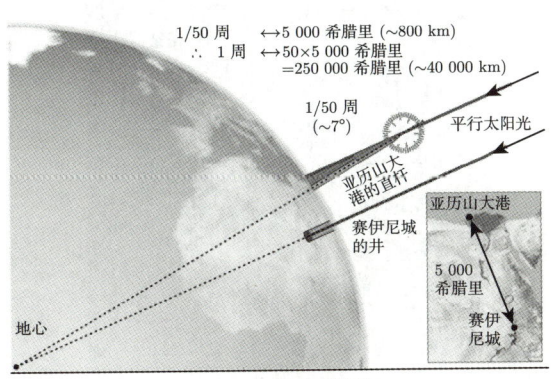

Eratosthenes 测地球周长

二、古代中国俯察大地　无独有偶, 在遥远的东方, 中国古代天文学家同样以几何方法揭示了天地运行的规律. 早在西周时期 (约前 11 世纪—前 771 年), 先民便通过圭表测影法精确测定二分二至 (春分、秋分、夏至、冬至), 其科学记载见于中国现存最古老的天算典籍《周髀算经》: "周髀 (表柱) 长八尺, 夏至之日晷 (影长) 一尺六寸……" (注: 按周尺约合今 23 厘米推算, 该数据对应北纬 34° 地区的实测结果). 古人以此为基础, 逐步完善了二十四节气体系——将黄道等分为 24 段的太阳历系统, 同时结合月相周期制定阴历. 为调和阴阳历差 (太阳年 ≈ 12.37 朔望月), 中国独创 "置闰法" (十九年七闰), 这套阴阳合历成为支撑东亚农耕文明数千年的时序基石. 2016 年, 二十四节气被列入联合国教科文组织《人类非物质文化遗产代表作名录》.

历法修订在中国王朝政治中具有特殊地位. 唐开元十二年 (724 年), 天文学家一行 (本名张遂) 主持了一次规模浩大的测地工作 (北起今蒙古乌兰巴托西南, 南至今越南的中部). 是谓 "测候日影, 回日奏闻", 一行 "则以南北日影较量, 用勾股法算之". 通过测算, 一行不仅证伪了汉代以来 "日影一寸, 地差千里" 的谬误, 更计算出子午线 1° 弧长 ≈ 122.8 千米 (与现代值 110.95 千米误差约 10%).

尽管一行和尚对地球周长的估算相较于 Eratosthenes 晚了近千年, 但他分析所得测量数据时采用的二次内插法 (《大衍历》核心算法) 体现了精湛的数学算法. 稍微了解球面几何知识的读者就能明白 Eratosthenes 的方法之所以能成功, 有两个关键点: 一是赛伊尼城恰好位于北回归线上; 二是赛伊尼城与亚历山大港之间的距离需以球面测地距离来计算, 或许 "天道酬勤, 亦酬几何", 商队所走的路线与球面上两点间的大圆弧相去不远.

常州天宁寺日晷

三、天不生牛顿, 万古如长夜　尽管人类凭借几何学知识在天文学领域取得了显著进展, 例如 Ptolemy (托勒密) 在公元 145 年左右所著的《至大论》, 不仅完善了 Aristotle (亚里士多德) 提出的 "地心说" 理论, 还通过 "本轮、均轮" 的几何模型精确描述了日、月及五大行星的运动轨迹, 但这些成就都是建立在错误的宇宙模型之上. 由于地心学说与当时的教义精神相契合, 它一直被西方教廷奉为圭臬, 并在漫长的中世纪占据了主导地位. 然而, 随着天文观测数据的积累和新的天文现象不断涌现, 这一学说逐渐面临挑战.

到了文艺复兴时期, Copernicus (哥白尼) 发表了《天体运行论》, 提出了 "日心说", 从而引发了一场天文学革命. 在 Copernicus 之后, 众多杰出的科学家继续推动天文学的发展: Galileo (伽利略) 制造了天文望远镜, 为天文学观测带来了革命性的突破; Descartes (笛卡儿) 构想了无限宇宙的概念, 拓宽了人类对宇宙的认知边界; Tycho (第谷) 在丹麦汶岛进行了数十年的天文观测, 积累了宝贵的数据; Kepler (开普勒) 则利用 Tycho 的观测数据, 提出了行星运动的三大定律, 为后来的天文学研究奠定了坚实的基础.

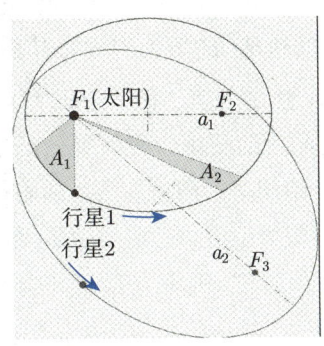

Kepler 行星运动定律

Kepler 的行星运动三大定律虽是从 Tycho 的观测数据中总结出的规律, 但其理论上的严格证明却成为一个亟待解决的核心难题. 1665 年至 1666 年间, 英国爆发了一场大规模的瘟疫, 年轻的 Newton (牛顿) 被迫返回家乡进行隔离. 在此期间, 万有引力定律和微积分 (Newton 称之为流数术) 在他的脑海中激荡起思想的风暴. 然而, 这些划时代的发现最初并未为公众所知. 转机出现在 1684 年, 当 Newton 的好友 Halley (哈雷) 登门求教关于在平方反比有心引力作用下行星的运动轨道问题时, Newton 透露自己早在瘟疫期间就完成了相关的数学推导, 只是暂时找不到手稿了. 在 Halley 的鼓励下, 牛顿全身心投入到写作中, 最终完成了不朽的专著《自然哲学的数学原理》(*Philosophiae Naturalis Principia Mathematica*). 该书由 Halley 出资, 于 1687 年发表.

《自然哲学的数学原理》一书效仿《几何原本》的写作风格, Newton 在其中提出了三大力学运动定律和万有引力定律, 并以此为基础解释了众多自然现象. 特别是他凭借超凡的几何直观和精湛的微分运算技巧,成功地证明了 Kepler 的行星运动定律实际上是基于万有引力产生的现象. 有趣的是,该书的第一个印刷版如今珍藏于上海天文馆.

上海天文馆

此外, Halley 本人也是一位杰出的天文学家和数学家. 他运用万有引力定律进行计算,发现 1682 年出现的彗星与 1531 年 Apianus (阿皮亚努斯) 以及 1607 年 Kepler 观测到的彗星在轨道要素上几乎一致. 因此, Halley 推断这三颗彗星实际上是同一颗,其回归周期大约在 75 至 76 年之间. 正如 Halley 所预测的那样,这颗彗星在 1758 年再次接近地球,此后人们便将其命名为"哈雷彗星".

四、Gauss、Riemann 登堂入室 微积分的创立不仅对天文学产生了深远影响,也对几何学带来了决定性的变革. 在微积分诞生之前,初等几何学主要关注规则图形的长度、面积、体积等一阶几何量. 随着微积分的出现,一般几何对象的一阶几何量的计算得到极大简化,更重要的是,它为传统几何学注入了曲率这一重要的二阶几何量. 简而言之,曲率是衡量几何对象弯曲程度的,可以通过计算二阶导数方便地求得.

Gauss (高斯) 于 1818 年至 1826 年间,主持了汉诺威公国的大地测量工作. 1827 年,他用拉丁文发表了论文《关于曲面的一般研究》(*Disquisitiones generales circa superficies curvas*),其中包含了被他誉为绝妙的定理 (Theorema Egregium) 以及 Gauss-Bonnet 公式. 回想千年前一行和尚的测地工作,美妙的几何思想都是在这些艰辛的测地实践中应运而生的,当真没有辜负几何二字. (注: Geometry 一词,根据词根分解为 Geo-metry, 即有大地测量之意.)

根据 Euler (欧拉)、Monge (蒙日) 等人的研究,曲面的弯曲程度可以通过法向量在不同方向上的变化率来衡量. Gauss 在其绝妙定理中揭示了一个重要发现: Gauss 曲率 (以其名字命名) 实际上仅依赖于曲面切空间的内积及其变化,这一发现开启了内蕴几何的研究. 然而,人们习惯于从三维空间去审视曲面,内蕴几何的核心思想并未得到充分的体现.

直到 1854 年, Riemann (黎曼) 在其著名的就职演说中,发表了题为《论作为几何基础的假设》(*Ueber die Hypothesen, welche der Geometrie zu Grunde liegen*)

的演讲, Gauss 绝妙定理的精髓才得到了真正的发扬. Riemann 不仅大胆提出了流形的概念, 革新了几何学的研究对象, 实现了从 "横看成岭侧成峰" (外部视角) 到 "身在此山中" (内部视角) 的思维跨越. 这一跨越的本质在于, 所研究的几何对象无须事先置于一个外围空间中, 而仅需满足局部欧几里得性质即可. 另一方面, Riemann 通过在这些几何对象的切空间上引入度量, 就可以遵循 Gauss 绝妙定理的精神, 去探索空间的弯曲程度了, 宣告了 "给几何学家一把尺子, 他就能测出曲率".

Riemann 的就职演说题目是 Gauss 从 Riemann 提交的三个话题中挑选的. 77 岁高龄的 Gauss 在听完 Riemann 的演讲后, 内心激动不已, 他深感薪传有人, 同时也敏锐地意识到一个新的数学研究方向正悄然诞生. 然而, 数学界对流形概念的全面理解和接受却花费了相当长的时间. 其中, 最为关键的观念转变在于认识到, 流形上局部坐标所表达的量若要在整体上具有意义, 就必须与坐标选取无关. 这些难点和困惑是流形初学者要共同面对的. 令初学者稍感安慰的是 Einstein (爱因斯坦) 也是同道中人, 他从发表狭义相对论 (1908 年) 到广义相对论 (1915 年), 历经了七年的探索. 他对此延迟的解释是, 要摆脱 "坐标必须直接具有度量意义" 这一旧有观念的束缚, 并非易事.

五、现代几何精彩纷呈 若我们简要追溯几何学的演进轨迹, 不难发现其大致可划分为三大阶段: 初等几何、基于坐标的微分几何, 以及流形上的几何. 著名数学家陈省身先生曾给出一段生动的比喻: 将几何比作人体, 坐标视为衣物, 那么初等几何就如同赤身裸体的原始人, 尚未披上任何坐标的外衣; Descartes 引入坐标系, 犹如为初等几何披上了衣裳; 至于流形上的微分几何, 因拥有多样化的坐标系, 则如同能够自如更换各式华丽服饰的现代人. Riemann 对空间观念的革新, 为 Einstein 构建相对论奠定了坚实的理论基础. 自相对论问世以来, 人类将 "时间" 视为 "空间" 的另一维度, 万有引力亦被阐释为时空的弯曲现象. 此后, 现代几何学更加深入地与拓扑学、物理学等领域交融, 理论发展日新月异, 精彩纷呈. 鉴于篇幅和能力所限, 笔者只能假托 Fermat (费马) 之语, "囿于篇幅, 不再展开".

本书以 Gauss 绝妙定理和 Riemann 就职演说这两个微分几何发展史上的里程碑事件为分割点, 分为三章. 第一章系统介绍古典微分几何理论; 第二章则以 Gauss 绝妙定理为开篇, 引出并探讨曲面内蕴几何学; 第三章则着重介绍流形的基础理论, 特别是向量场和微分形式的理论. 带上度量的流形研究就留给 Riemann 几何课程了. 此外, 本书在附录部分准备了一些常用的代数、分析工具以及必要的拓扑学事实, 供读者参考与查阅. 本书基于笔者在上海交通大学讲授微分几何课的讲义. 在此特别感谢课堂上同学们提出很多有趣的问题, 并指出不少笔误; 同时也感谢在本书成书过程中提出宝贵意见的国内专家和同行, 特别是 "101 计划" 几何类课程建设专家组的各位成员.

最后,用一首王安石写景色的诗作结尾,愿读者读此书时,亦有同感.

水无心而宛转,山有色而环围.
穷幽深而不尽,坐石上以忘归.

天柱山山谷流泉摩崖石刻

目 录

第一章　曲线和曲面的局部理论　　1
　1.1　空间曲线理论　　2
　1.2　曲面　　6
　1.3　Gauss 映射及其微分　　11
　1.4　第二基本形式之代数　　14
　1.5　第二基本形式之几何　　16
　1.6　曲率之局部坐标计算　　18
　1.7　Gauss 映射像的面积　　23
　1.8　Fenchel, Fary-Milnor 定理　　24
　第一章练习　　27

第二章　曲面内蕴几何学　　35
　2.1　Gauss 绝妙定理　　36
　2.2　协变导数、平行移动　　42
　2.3　测地线　　44
　2.4　Gauss-Bonnet 公式　　49
　　　2.4.1　应用举例　　54
　2.5　指数映射　　56
　2.6　测地完备、Hopf-Rinow 定理　　62
　2.7　抽象曲面　　67
　*2.8　常曲率空间分类　　71
　　　2.8.1　内蕴分类　　71
　　　2.8.2　外蕴分类: 常 Gauss 曲率曲面　　74
　　　2.8.3　外蕴分类: 常平均曲率曲面　　79
　*2.9　带符号曲率曲面简介　　82

2.9.1　正曲率: Bonnet 定理　　　　　　　　82
2.9.2　非正曲率: Hadamard 定理　　　　　87
第二章练习　　　　　　　　　　　　　　　　92

第三章　光滑流形　　　　　　　　　　　　　　99
3.1　流形　　　　　　　　　　　　　　　　　100
3.2　切空间　　　　　　　　　　　　　　　　106
3.3　向量场　　　　　　　　　　　　　　　　109
3.4　分布、Frobenius 定理　　　　　　　　　114
3.5　微分形式　　　　　　　　　　　　　　　117
　　3.5.1　微分形式之代数　　　　　　　　　117
　　3.5.2　微分形式之分析　　　　　　　　　120
3.6　de Rham 上同调　　　　　　　　　　　　122
　　3.6.1　同伦不变性　　　　　　　　　　　124
　　3.6.2　Mayer-Vietoris 序列　　　　　　　125
3.7　积分和 Stokes 定理　　　　　　　　　　126
*3.8　de Rham 定理简介　　　　　　　　　　129
　　3.8.1　奇异同调　　　　　　　　　　　　129
　　3.8.2　de Rham 定理　　　　　　　　　　130
*3.9　Hodge 定理简介　　　　　　　　　　　133
第三章练习　　　　　　　　　　　　　　　　138

附录 A　分析、代数工具　　　　　　　　　　143
A.1　二次型　　　　　　　　　　　　　　　　144
A.2　反函数定理　　　　　　　　　　　　　　145
A.3　单位分解　　　　　　　　　　　　　　　145
A.4　曲面特殊参数化的存在性　　　　　　　　147

附录 B　拓扑事实　　　　　　　　　　　　　149
B.1　旋转指标定理　　　　　　　　　　　　　150
B.2　Jordan 曲线定理　　　　　　　　　　　　151
B.3　闭曲面拓扑分类　　　　　　　　　　　　151
B.4　基本群　　　　　　　　　　　　　　　　152
B.5　覆盖映射　　　　　　　　　　　　　　　153

参考文献　　　　　　　　　　　　　　　　　155

第一章

曲线和曲面的局部理论

数学的真谛不在于数字、方程、计算或算法, 而在于理解.

——W. Thurston

曲线和曲面是古典微分几何的主要研究对象. 微分学的产生促使人们可以定量地描述曲线和曲面的弯曲程度. 简言之, 我们用切向量的变化率来描述曲线的弯曲程度. 对曲面而言, 类似地用切平面的变化率来描述弯曲程度. 通过对偶的观点, 切平面的变化率等价于其法向量的变化率. 法向量的变化率其实是用切平面到自身的一个自伴线性变换来描述的. 这个变换的数量信息: 迹和行列式被称为曲面的平均曲率和 Gauss 曲率. 这些构成了古典微分几何的核心概念.

1.1 空间曲线理论

定义 1.1 (空间曲线)　光滑 (连续) 映射 $\alpha : [a,b] \to \mathbb{R}^3$, $\alpha(t) = (x(t), y(t), z(t))$ 如果满足 $\alpha'(t) \neq 0, \forall t$, 则被称为一正则光滑 (连续) 曲线.

注　该定义中我们把映射称为曲线, 更多时候, 也不加区分地将其在三维空间中的像称为曲线. 轨迹相同的曲线可以有不同的参数化.

对于给定的参数曲线 $\alpha(t)$, $\alpha'(t)$ 为其切向量, 通过微积分我们知道曲线在 $[a,b]$ 间的**长度**为

$$\text{length}(\alpha) = \int_a^b |\alpha'(t)| \mathrm{d}t.$$

该定义和曲线的参数化无关, 是曲线最基本的 (一阶) 几何量.

为了描述曲线的弯曲程度, 我们需要考察切向量的变化率, 也就是切向量的导数. 如前所述, 由于具有同一像集的曲线有不同的参数化, 为合理定义切向量的导数, 需要一个统一的参数.

定义 1.2 (弧长参数)　如果 $|\alpha'(s)| \equiv 1$, 则称 s 为 α 的**弧长参数**.

例题 1.1　任一正则光滑曲线 α 上都存在弧长参数, 其在相差一个常数和定向的意义下是唯一的.

证明　设 $\alpha(t) : [0, l] \to \mathbb{R}^3$ 为一正则光滑曲线, 令

$$s(t) = \int_0^t |\alpha'(u)| \mathrm{d}u.$$

$s(t)$ 的意义是明确的, 即为曲线在 $[0, t]$ 之间的长度.

断言　s 即为弧长参数.

首先, 注意到
$$\frac{\mathrm{d}s}{\mathrm{d}t} = |\alpha'(t)| \neq 0, \quad \forall t,$$
所以 s 是 t 的严格单调递增函数. 于是存在反函数 $t = t(s)$, 我们视 α 为 s 的函数, 那么根据链式法则就有
$$\left|\frac{\mathrm{d}\alpha}{\mathrm{d}s}\right| = \left|\frac{\mathrm{d}\alpha}{\mathrm{d}t}\right|\left|\frac{\mathrm{d}t}{\mathrm{d}s}\right| \equiv 1,$$
即 s 为弧长参数. 相差一个常数和定向的意义下是唯一的, 是指若 s_1, s_2 为两个弧长参数, 则一定存在常数 c, 使得 $s_2 = \pm s_1 + c$. 这个证明留给读者. 事实上, 通常如果我们约定 s 的取值范围是 $[0, l]$, 其中 l 是 α 的总长度, $\alpha(0) =$ 起点, $\alpha(l) =$ 终点, 则 s 是唯一的.

定义 1.3 (曲率) 设 $\alpha(s)$ 是一条以弧长为参数的正则光滑曲线, $\kappa(s) := |\alpha''(s)|$ 称为曲线在 $\alpha(s)$ 处的**曲率**.

关于曲率, 我们举两个最简单的计算实例:

例题 1.2 (直线) 直线的曲率恒为零.

证明 对于一条过 (x_0, y_0, z_0) 的直线, 可以将其参数化为 $\alpha(s) = (x_0 + a_1 s, y_0 + a_2 s, z_0 + a_3 s)$, 其中 (a_1, a_2, a_3) 是单位向量. 这样 s 就是弧长参数, 很显然 $|\alpha''(s)| \equiv 0$.

例题 1.3 (圆周) 半径为 r 的圆周的曲率恒为 $\frac{1}{r}$.

证明 不妨假设该圆周落在 x-y 平面上, 可以取参数化
$$\alpha(s) = \left(r\cos\left(\frac{s}{r}\right), r\sin\left(\frac{s}{r}\right), 0\right),$$
这个参数化保证了 s 是弧长参数. 简单计算就有 $\kappa \equiv \frac{1}{r}$.

例题 1.4 若 $\gamma : I \subset \mathbb{R} \to \mathbb{R}^3$ 满足 $|\gamma(t)| \equiv 1$, 则 $\gamma'(t) \perp \gamma(t)$.

上述事实后面将反复用到, 其证明留作练习. 下面假定 γ 是一条以弧长为参数的正则光滑曲线, 且 $\gamma''(s) \neq 0, \forall s$.

定义 1.4 (Frenet 标架)

(1) 记切向量为 $t(s) = \gamma'(s)$;

(2) 令 $n(s)$ 为 $\gamma''(s)$ 方向上的单位向量, 称为**法向量**;

(3) 令 $b(s) = t(s) \wedge n(s)$, 称为**从法向量**;

(4) $\{t(s), n(s), b(s)\}$ 在 $\gamma(s)$ 处构成一个正交基, 称为 **Frenet 标架**;

(5) 由 $t(s), n(s)$ 张成的平面叫作**密切平面**.

密切平面可以看作是在曲线相应点处最贴合曲线的一个平面, 其法向量就是从法向量, 所以 $b'(s)$ 衡量了密切平面的变化率. $b'(s)$ 一定平行于法向量 $n(s)$, 因为
$$b'(s) = (t \wedge n)' = t' \wedge n + t \wedge n' = t \wedge n' \Longrightarrow b' \perp t,$$
又由于 $b' \perp b$, 所以有以下定义.

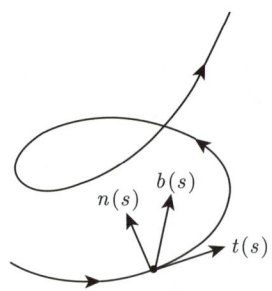

Frenet 标架

定义 1.5(挠率)　设 $b'(s) = \tau(s)n(s)$, $\tau(s)$ 被称为 $\gamma(s)$ 的**挠率**.

例题 1.5(螺旋线)　试计算 $\alpha(s) = (a\cos s, a\sin s, bs)$ 的曲率和挠率, 其中 $a^2 + b^2 = 1$.

解　切向量为 $t(s) = \alpha'(s) = (-a\sin s, a\cos s, b)$, 由于 $a^2 + b^2 = 1$, $|t(s)| \equiv 1$, 也就是说 s 正好是弧长参数. 又

$$t'(s) = (-a\cos s, -a\sin s, 0),$$

故有

$$\kappa(s) = |t'(s)| = a, \quad n(s) = (-\cos s, -\sin s, 0).$$

由此知

$$b(s) = t(s) \wedge n(s) = (b\sin s, -b\cos s, a).$$

所以 $b'(s) = (b\cos s, b\sin s, 0) = -bn(s)$, 故 $\tau(s) = -b$.

定理 1.1　设 γ 是一以弧长为参数的正则光滑曲线, 则其 Frenet 标架满足下列一阶微分方程组:

$$\begin{cases} t'(s) = \kappa(s)n(s), \\ n'(s) = -\kappa(s)t(s) - \tau(s)b(s), \\ b'(s) = \tau(s)n(s). \end{cases} \tag{1.1}$$

证明　只剩 $n'(s)$ 需要计算, 由于 $n(s) = b(s) \wedge t(s)$, 就有

$$n'(s) = (b(s) \wedge t(s))'$$
$$= b'(s) \wedge t(s) + b(s) \wedge t'(s)$$
$$= \tau(s)n(s) \wedge t(s) + b(s) \wedge \kappa(s)n(s)$$
$$= -\tau(s)b(s) - \kappa(s)t(s).$$

下述定理表明空间曲线的曲率和挠率本质上决定该曲线. 直观上, 我们可以按给定曲率和挠率对一条直线进行弯曲和拧转. 该定理的本质是线性一阶常微分方程组的解关于初值的存在唯一性, 因此证明从略.

定理 1.2(空间曲线基本定理) 设 $\kappa(s) > 0$ 和 $\tau(s)$ 为定义在某闭区间 I 上的光滑函数, 则存在以弧长为参数的正则光滑曲线 $\gamma : I \to \mathbb{R}^3$, 其曲率和挠率恰为 $\kappa(s)$ 和 $\tau(s)$, 并且这样的 γ 在相差一个刚体运动下是唯一的, 即若 $\tilde{\gamma}$ 是另一条以 $\kappa(s)$ 和 $\tau(s)$ 为曲率和绕率的曲线, 则一定存在一个变换 $\varphi(x, y, z) = (x, y, z) \cdot A + (x_0, y_0, z_0)$ 使得 $\tilde{\gamma} = \varphi(\gamma)$, 其中 A 是一个 3×3 正交矩阵.

平面带符号曲率

根据定义, 我们知道一条空间曲线的曲率总是非负的. 对于平面曲线, 可以定义带符号曲率, 背后的理由是借助平面定向先规定曲线的法向量.

设 $\gamma(s)$ 是一以弧长为参数的平面曲线. $\gamma'(s) = t(s) = (x'(s), y'(s))$ 是切向量, 规定法向量是 $n(s) = (-y'(s), x'(s))$, 即将切向量逆时针转 $90°$ 得到的单位向量.

定义 1.6(带符号曲率) 设 $t'(s) = \kappa(s) n(s)$, $\kappa(s)$ 被称为 γ 在 s 处的**带符号曲率**.

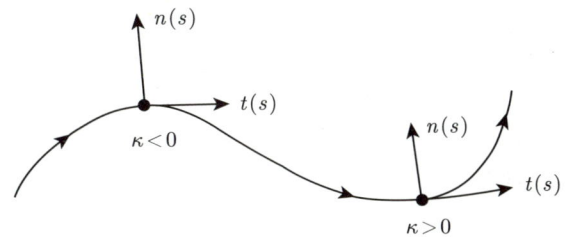

带符号曲率

定义 1.7(密切圆周) 设 $\kappa(s) \neq 0$, 以 $\gamma(s) + \dfrac{1}{\kappa(s)} n(s)$ 为圆心, $\left|\dfrac{1}{\kappa(s)}\right|$ 为半径的圆周被称为 γ 在 s 处的**密切圆周**.

例题 1.6(比较原理) 设 $f, g : (-1, 1) \to \mathbb{R}$ 为两光滑函数, 满足
$$f(x) \geqslant g(x), \quad f(0) = g(0),$$
则函数图像对应的曲线在原点处的带符号曲率有如下关系:
$$\kappa_f(0) \geqslant \kappa_g(0).$$

证明 事实上, 对于平面曲线 $(x, f(x))$, 简单计算知 (见本章习题 9) 其带符号曲率为
$$\kappa(x) = \frac{f''(x)}{|1 + f'(x)^2|^{\frac{3}{2}}}. \tag{1.2}$$

由题设条件知 $x = 0$ 为 $f - g$ 的一个局部极小点, 于是 $f'(0) = g'(0)$, $f''(0) \geqslant g''(0)$.

上述原理的一个有趣推论是 (见本章习题 10)

推论 1.1 设 γ 是一逆时针走向的平面简单闭曲线, 则其上一定存在一点使得其带符号曲率为正.

1.2 曲面

本节我们开始研究二维曲面. 先仿照参数曲线给出参数曲面的定义.

定义 1.8(参数曲面) 设 Ω 为 $\mathbb{R}^2$ 中的一个开集, 如果映射

$$\mathbb{X}: \Omega \subseteq \mathbb{R}^2 \to \mathbb{R}^3$$

$$(u,v) \mapsto \mathbb{X}(u,v) = (x(u,v), y(u,v), z(u,v))$$

满足:

(1) $\mathbb{X}$ 是光滑的单射;

(2) $\mathbb{X}_u, \mathbb{X}_v$ 处处线性无关,

则称其为一个**正则光滑参数曲面**.

在此参数化下, $\gamma(u) = \mathbb{X}(u, v = 常数), \gamma(v) = \mathbb{X}(u = 常数, v)$ 分别称为**坐标 u 曲线**和**坐标 v 曲线**.

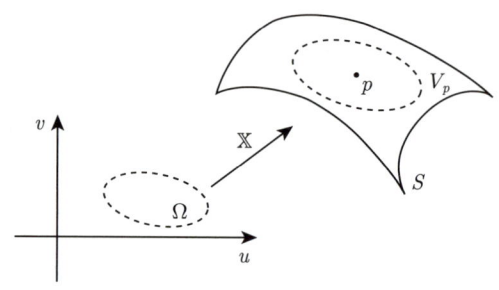

参数曲面

在不发生混淆的情况下, 我们仍然不加区别地将映射的像集称为参数曲面. 和空间曲线不同的是, 参数曲面的定义有局限性, 它没有办法涵盖很多常见的曲面. 例如球面就没有办法表示成单个参数曲面的像, 为此, 需要把一个个参数曲面光滑拼接起来得到一个整体定义.

定义 1.9(光滑曲面) 对于三维空间的子集 $S \subseteq \mathbb{R}^3$, 如果 $\forall p \in S$, 存在 p 在 S 中的邻域 V, 使得 V 恰为一正则光滑参数曲面 $\mathbb{X}: \Omega \to \mathbb{R}^3$ 的像集, 即 $V = \mathbb{X}(\Omega)$, 则称 S 为**一正则光滑曲面**. 映射 $\mathbb{X}: \Omega \to \mathbb{X}(\Omega) \ni p$ 称为 p 点的一个**局部参数化**.

若 S 是一个有界闭集, 我们通常称其为**正则光滑闭曲面**. 如下面例 1.7 的球面, 以及在 $\mathbb{R}^3$ 中将圆周 $(y-1)^2 + z^2 = \dfrac{1}{4}, x = 0$ 绕 z 轴旋转一周所得的环面.

为了验证某集合 $S \subset \mathbb{R}^3$ 是光滑曲面, 逐点检验定义是不现实的, 一个通常的做法是验证其可以被有限个参数曲面的像集覆盖.

例题 1.7 验证 $\mathbb{S}^2 = \{(x,y,z) | x^2 + y^2 + z^2 = 1\}$ 是一个正则光滑曲面.

证明 对上半开球 $V_1 = \{(x,y,z) \in \mathbb{S}^2, z > 0\}$ 给出一个参数化,

$$\mathbb{X} : \mathbb{D}^2 \to V_1$$

$$(u,v) \mapsto \mathbb{X}(u,v) = (u, v, \sqrt{1 - u^2 - v^2}).$$

验证留给读者. 类似地, 我们可以对下半开球、左右半开球、前后半开球都找到参数化, 而这些参数化的像集之并覆盖整个球面, 由此就得到球面是一个正则光滑曲面.

例题 1.8(光滑函数的图像) 设 $f : \mathbb{R}^2 \to \mathbb{R}$ 为一光滑函数, 那么其对应的函数图像

$$S = \{(x,y,z) | z = f(x,y)\}$$

就是一个正则光滑曲面.

例题 1.9(光滑函数正则值的水平集) 设 $f : \mathbb{R}^3 \to \mathbb{R}$ 为一光滑函数, 记 $S = f^{-1}(c)$. 如果对于任意 $p \in S$, $\nabla f(p) \neq 0$, c 被称为 f 的正则值. 根据隐函数定理, 我们可以证明 S 是一个正则光滑曲面.

例题 1.10(非退化二次曲面) 回忆一下非退化二次曲面的分类:

椭球面	$\frac{x^2}{a^2} + \frac{y^2}{b^2} + \frac{z^2}{c^2} = 1$	
椭圆抛物面	$\frac{x^2}{a^2} + \frac{y^2}{b^2} - z = 0$	
双曲抛物面	$\frac{x^2}{a^2} - \frac{y^2}{b^2} - z = 0$	
单叶双曲面	$\frac{x^2}{a^2} + \frac{y^2}{b^2} - \frac{z^2}{c^2} = 1$	
双叶双曲面	$\frac{x^2}{a^2} - \frac{z^2}{c^2} = -1$	

以上例子都可以看作光滑函数的正则值水平集, 所以都是正则光滑曲面.

设 $f: S \to \mathbb{R}$ 为定义在正则光滑曲面 S 上的函数, 我们讨论如何定义 f 的光滑性. 因为 S 并不是 $\mathbb{R}^3$ 的开集, 所以不能认为 f 是一个三元函数. 事实上, 通过曲面每点的局部参数化 $\mathbb{X}: \Omega \to S$, f 可以解读成为 $f \circ \mathbb{X}^{-1}: \Omega \to \mathbb{R}$, 这是一个定义在 $\mathbb{R}^2$ 内开集上的二元函数, 这个函数可以按通常的方式定义其光滑性. 不过由于曲面每点的局部参数化不唯一, 所以还需要说明这种光滑性和局部参数化的选取无关. 下面的命题就解释了这个疑点, 它也说明了正则光滑曲面是一系列正则光滑参数曲面光滑拼接而成的.

命题 1.1 设 $\mathbb{X}_i : \Omega_i \to S, i = 1, 2$ 为正则光滑曲面 S 上 p 点的两个局部参数化, 令 $W = \mathbb{X}_1(\Omega_1) \cap \mathbb{X}_2(\Omega_2)$, $W_i = \mathbb{X}_i^{-1}(W)$, 则映射

$$h_1 = \mathbb{X}_2^{-1} \circ \mathbb{X}_1 : W_1 \to W_2, \quad h_2 = \mathbb{X}_1^{-1} \circ \mathbb{X}_2 : W_2 \to W_1$$

是光滑的. 称上述两个映射为两个局部参数化间的**转移函数**.

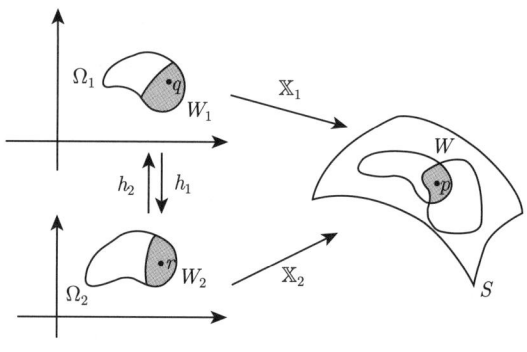

转移函数

证明 以 (u, v) 记 W_1 点的坐标, 以 (s, t) 记 W_2 点的坐标. 任取 $p \in W$, 记 $q = \mathbb{X}_1^{-1}(p), r = \mathbb{X}_2^{-1}(p)$. 我们的目标是证明 h_1 在 q 处光滑. 因为 $\mathbb{X}_2$ 是一个局部参数化, 所以不妨假设

$$\left. \frac{\partial(x, y)}{\partial(s, t)} \right|_r \neq 0.$$

按如下方式将 $\mathbb{X}_2$ 延拓成 $F: W_2 \times \mathbb{R} \to \mathbb{R}^3$:

$$F(s, t, h) = \mathbb{X}_2(s, t) + (0, 0, h).$$

很显然 F 是一个光滑函数, 且

$$\mathrm{d}F|_r = \begin{pmatrix} \dfrac{\partial x}{\partial s} & \dfrac{\partial x}{\partial t} & 0 \\ \dfrac{\partial y}{\partial s} & \dfrac{\partial y}{\partial t} & 0 \\ \dfrac{\partial z}{\partial s} & \dfrac{\partial z}{\partial t} & 1 \end{pmatrix}.$$

这样 $\det(\mathrm{d}F|_r) \neq 0$, 根据反函数定理, 存在 p 的一个邻域 B, 使得 F^{-1} 是 B 上的可微函数, 且 $F^{-1}|_{B\cap S} = \mathbb{X}_2^{-1}$. 根据 $\mathbb{X}_1$ 的连续性知, 存在 q 的邻域 D, 使得 $\mathbb{X}_1(D) \subset B \cap S$, 从而
$$h_1|_D = F^{-1} \circ \mathbb{X}_1|_D,$$
所以 h_1 在 q 处可微. 再由 p 的任意性, 命题得证.

定义 1.10(曲面上函数的光滑性) 设 $f: S \to \mathbb{R}$ 为定义在正则光滑曲面上的函数, $\forall p \in S$, 如果对 p 的任一局部参数化 $\mathbb{X}: \Omega \to S$, $f \circ \mathbb{X}$ 在 $\mathbb{X}^{-1}(p)$ 处是光滑的, 则称 f 在 p 处是光滑.

注 因为 f 在两个不同参数化下的解读只相差一个转移函数的复合, 所以根据命题 1.1, 上述定义是合理的.

对曲面间映射来说, 其光滑性也要在局部参数化下解读.

定义 1.11 设 $f: S_1 \to S_2$ 为两个正则光滑曲面间的映射, $\forall p \in S_1$, 如果对 p 的任一局部参数化 $\mathbb{X}: \Omega_1 \to S_1$ 以及 $f(p)$ 任一局部参数化 $\mathbb{Y}: \Omega_2 \to S_2$, $\mathbb{Y}^{-1} \circ f \circ \mathbb{X}$ 在 $\mathbb{X}^{-1}(p)$ 处是光滑的, 则称 f 在 p 处是光滑的.

定义 1.12(切向量、切平面) 设 $S \subseteq \mathbb{R}^3$ 为一正则光滑曲面, 如果有光滑曲线 $\alpha: (-\varepsilon, \varepsilon) \to S$, 满足 $\alpha(0) = p$, 那么其在 0 处的切向量 $\alpha'(0) = w$ 被称为曲面 S 在 p 点处的一个**切向量**. p 点处切向量的全体记为 T_pS, 称为曲面 S 在 p 的**切平面**.

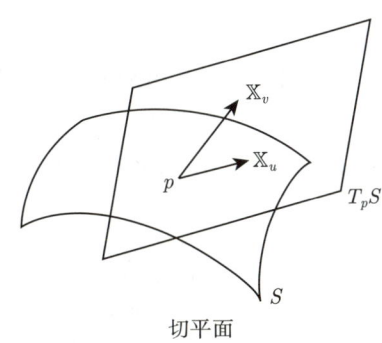

切平面

命题 1.2 T_pS 是一个二维线性空间.

证明 该论断的证明将体现曲面讨论的一个基本套路: 把曲面上的对象用局部参数化表示出来. 设 $\mathbb{X}: \Omega \to V$ 是 $p \in S$ 的一个局部参数化. 不失一般性, 假定 $\mathbb{X}(0,0) = p$. 将证明 $T_pS = \mathrm{span}\{\mathbb{X}_u(0,0), \mathbb{X}_v(0,0)\}$, 这组基称为参数化的**典范基**.

$\forall w \in T_pS$, 有 $\alpha: (-\varepsilon, \varepsilon) \to S$ 满足
$$\alpha(0) = p, \quad \alpha'(0) = w.$$
不妨假设 α 的像集落在 V 中, 于是可以将其表示为 $\alpha(t) = \mathbb{X}(u(t), v(t))$, 因此
$$w = \alpha'(0) = u'(0)\mathbb{X}_u(0,0) + v'(0)\mathbb{X}_v(0,0).$$
由 w 的任意性, 命题得证.

定义 1.13(第一基本形式) 与欧氏内积在 T_pS 的限制相伴的二次型称为曲面 S 在 p 点处的**第一基本形式**, 记为 I_p, 即

$$\mathrm{I}_p : T_pS \to \mathbb{R}$$

$$w \mapsto \mathrm{I}_p(w) = w \cdot w.$$

例题 1.11(第一基本形式在局部参数化典范基下的表达) 令

$$E = \mathbb{X}_u \cdot \mathbb{X}_u, \quad F = \mathbb{X}_u \cdot \mathbb{X}_v, \quad G = \mathbb{X}_v \cdot \mathbb{X}_v,$$

记 $w = x\mathbb{X}_u + y\mathbb{X}_v \in T_pS$, 则

$$\mathrm{I}_p(w) = Ex^2 + 2Fxy + Gy^2.$$

解 根据定义, 有

$$\mathrm{I}_p(w) = (x\mathbb{X}_u + y\mathbb{X}_v) \cdot (x\mathbb{X}_u + y\mathbb{X}_v) = (x, y) \begin{pmatrix} E & F \\ F & G \end{pmatrix} \begin{pmatrix} x \\ y \end{pmatrix} = Ex^2 + 2Fxy + Gy^2.$$

> **注** 我们称 $E(u,v), F(u,v), G(u,v)$ 为第一基本形式在**局部参数化下的系数**.

用第一基本形式系数可以定义曲面的一阶几何量: 如长度、角度等, 当然曲面最重要的一阶几何量是面积.

定义 1.14(面积) 曲面 S 上一个区域 R 如果包含于一个局部参数化中, 即 $\mathbb{X}(\Omega) \supset R$, 其面积**定义为**

$$\mathrm{Area}(R) = \iint_{\mathbb{X}^{-1}(R)} |\mathbb{X}_u \wedge \mathbb{X}_v| \mathrm{d}u\mathrm{d}v = \iint_{\mathbb{X}^{-1}(R)} \sqrt{EG - F^2} \mathrm{d}u\mathrm{d}v.$$

> **注** 区域包含于某个参数化中的假设不是本质的. 如果 R 没有含于单个参数化内, 总是可以将其分解为足够小的区域使得每块都含于单个参数化中, 利用面积的可数可加性我们得到 R 的面积.

例题 1.12(球面的 Archimedes 性质) 证明单位球面上被两个间距为 d 的平行平面所截得的带状区域面积为 $2\pi d$. (居然和两个平行平面的位置无关!)

证明 如下图所示, 利用球面坐标, 带状区域可以有局部参数化:

$$\mathbb{X}(\theta, \varphi) = (\sin\varphi\cos\theta, \sin\varphi\sin\theta, \cos\varphi), \quad \theta \in (0, 2\pi), \varphi \in (\varphi_1, \varphi_2).$$

在此参数化下第一基本形式的系数为

$$E = \mathbb{X}_\theta \cdot \mathbb{X}_\theta = \sin^2\varphi, \quad F = \mathbb{X}_\theta \cdot \mathbb{X}_\varphi = 0, \quad G = \mathbb{X}_\varphi \cdot \mathbb{X}_\varphi = 1.$$

于是

$$\text{Area} = \int_0^{2\pi}\int_{\varphi_1}^{\varphi_2} \sqrt{EG-F^2}\,\mathrm{d}\varphi\mathrm{d}\theta$$
$$= \int_0^{2\pi}\int_{\varphi_1}^{\varphi_2} \sin\varphi\,\mathrm{d}\varphi\mathrm{d}\theta = 2\pi(-\cos\varphi_2 + \cos\varphi_1) = 2\pi d.$$

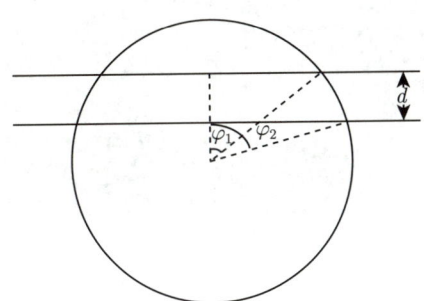

注 严格来说,上述局部参数化的像并没有完全覆盖带状区域,只不过相差两条边界曲线,所以不影响面积的计算. 上述性质最早由 Archimedes 发现,当宽度取成 2,就得到了球的表面积,这不啻于是一个极具"穿越感"的伟大发现.

思考: 一个半径为 1 的平面圆盘可以被 9 条宽度为 0.2 的纸带覆盖吗? 感兴趣的读者可以搜索关键词: Tarski's Plank 问题或参阅文献 [12].

可以证明满足 Archimedes 性质的闭曲面一定是球面 (参见本章习题 52), 但是如果 Archimedes 性质只对某个固定的宽度 d 成立, 亦即若 S 夹在两个间距为 d 的平行平面之间 (这两个平行平面都要与 S 相交) 的表面积总为 $2\pi d$, 那么 S 是否一定为单位球面仍然是一个公开问题.

1.3 Gauss 映射及其微分

第一基本形式是曲面一阶几何量. 本节起, 我们将目光转向二阶几何量——曲率. 根据本章引言, 为了准确描绘曲面的弯曲特性, 我们需要考察切平面的变化率. 在三维空间中, 这一考察可以等价地转化为对法向量变化率的研究, 由此衍生出两种不同但相互关联的方法. 第一种方法较为整体, 它将法向量场视为一个到单位球面的映射, 即 Gauss 映射, 并通过分析这个映射的微分来量化法向量的变化率. 第二种方法则回归到一维层面, 专注于考察法向量场沿着曲面上不同方向的变化率. 我们将分别展开这两种思路, 并见证它们如何殊途同归.

要将法向量场看成到单位球面的映射, 局部上总是可以做到, 为了整体上得到这样一个映射, 我们需要曲面 S 可定向. 想必读者肯定对 Möbius 带有所耳闻, 这个曲面只有一侧, 所以其上不存在一个整体定义的连续法向量场, 我们就用这个性质来描述曲面是否可定向.

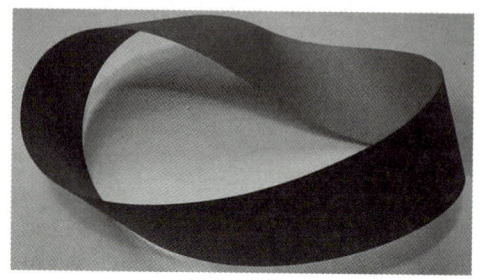

Möbius 带

定义 1.15(可定向曲面) 对于正则光滑曲面 S, 如果存在一个连续的法向量场 $n(p)$ $(n(p) \perp T_pS, \forall p \in S)$, 就称 S 为**可定向曲面**. 特别地, 如果 S 可定向, 其上恰有两个单位法向量场.

定义 1.16(Gauss 映射) 设 n 为可定向曲面 S 上一个选定的单位法向量场, 可将其视为到单位球面的映射

$$n : S \to \mathbb{S}^2$$
$$p \mapsto n(p),$$

该映射被称为曲面 S 的 **Gauss 映射**.

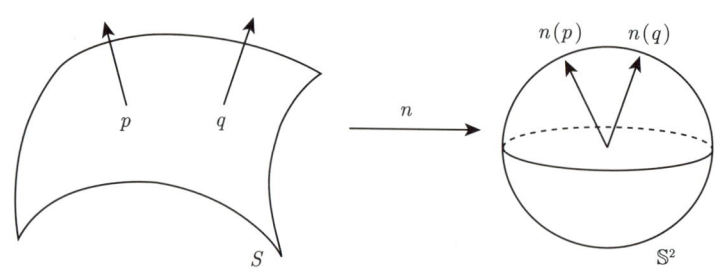

Gauss 映射

容易验证, 若 S 为一正则光滑可定向曲面, 则其上的 Gauss 映射是 S 到单位球面的光滑映射.

我们定义曲面间光滑映射的微分, 也称为**切映射**.

定义 1.17(光滑映射的微分) 设 $f : S_1 \to S_2$ 为一光滑映射, 其在 p 点的微分 $(\mathrm{d}f)_p$ 是一线性映射,

$$(\mathrm{d}f)_p : T_pS_1 \to T_{f(p)}S_2$$

$$w \mapsto (\mathrm{d}f)_p(w).$$

其定义如下：取 $\alpha: (-\varepsilon, \varepsilon) \to S_1$，使得 $\alpha(0) = p$, $\alpha'(0) = w$，令 $\beta(s) = f \circ \alpha(s)$，则

$$(\mathrm{d}f)_p(w) = \beta'(0).$$

切映射

上述定义中有一个取 α 的操作，通过在局部参数化下计算 $(\mathrm{d}f)_p$ 可知这个定义是合理的.

例题 1.13 在局部参数化下写出 $(\mathrm{d}f)_p$ 的矩阵表示.

解 记 $q = f(p)$，取定 p, q 的两个局部参数化，分别记为 $(\mathbb{X}^1, u, v), (\mathbb{X}^2, x, y)$，不妨设 $\mathbb{X}^1(0,0) = p$. 令 $g = (\mathbb{X}^2)^{-1} \circ f \circ \mathbb{X}^1$，即 $g(u,v) = (x(u,v), y(u,v))$. 设

$$\alpha(t) = \mathbb{X}^1(u(t), v(t)),$$

则

$$\beta(t) = f \circ \alpha(t) = \mathbb{X}^2(x(t), y(t)),$$

其中 $(x(t), y(t)) = g(u(t), v(t))$. 直接计算得

$$w = u'(0)\mathbb{X}_u^1 + v'(0)\mathbb{X}_v^1,$$

$$\beta'(0) = (u'(0)x_u + v'(0)x_v)\mathbb{X}_x^2 + (u'(0)y_u + v'(0)y_v)\mathbb{X}_y^2,$$

所以 $(\mathrm{d}f)_p$ 在这两个参数化的典范基下可表为

$$(\mathrm{d}f)_p(\mathbb{X}_u^1, \mathbb{X}_v^1) = (\mathbb{X}_x^2, \mathbb{X}_y^2) \begin{pmatrix} x_u(0,0) & x_v(0,0) \\ y_u(0,0) & y_v(0,0) \end{pmatrix}. \tag{1.3}$$

注 这样的说法多少有点循环论证，因为我们是在承认定义合理的前提下推导出 $(\mathrm{d}f)_p$ 在局部参数化典范基下的矩阵表示. 但实际上，也可以先用 (1.3) 式定义映射的切映射，说明这样的定义和局部参数化无关，然后证明其几何意义即为定义 1.16 中给出的那样.

将上述讨论运用到 Gauss 映射上，得到一个线性映射 $(\mathrm{d}n)_p : T_pS \to T_{n(p)}\mathbb{S}^2$. 因为 $T_{n(p)}\mathbb{S}^2 = T_pS$，所以 $(\mathrm{d}n)_p : T_pS \to T_pS$ 实为切空间到自身的一个线性变换.

根据定义，可通过下面三个步骤得到 $(\mathrm{d}n)_p(w)$.

步骤一：取 $\alpha : (-\varepsilon, \varepsilon) \to S$ 满足 $\alpha(0) = p, \alpha'(0) = w$；

步骤二：令 $n(s) = n \circ \alpha(s)$，即单位法向量场 n 在 $\alpha(s)$ 上的限制；

步骤三：得 $(\mathrm{d}n)_p(w) = n'(0)$.

命题 1.3 $(\mathrm{d}n)_p : T_pS \to T_pS$ 是自伴线性映射，即

$$(\mathrm{d}n)_p(w_1) \cdot w_2 = w_1 \cdot (\mathrm{d}n)_p(w_2), \quad \forall w_1, w_2 \in T_pS. \tag{1.4}$$

该映射称为曲面 S 在 p 点的 **Weingarten 映射**.

证明 对于给定的局部参数化 $\mathbb{X}$，可设单位法向量场为 $n(u,v)$. 于是，根据定义有

$$(\mathrm{d}n)_p(\mathbb{X}_u) = n_u, \qquad (\mathrm{d}n)_p(\mathbb{X}_v) = n_v.$$

由 (1.4) 式的线性性质，我们只需要在参数化的典范基下验证 (1.4) 式即可，即

$$(\mathrm{d}n)_p(\mathbb{X}_u) \cdot \mathbb{X}_v = \mathbb{X}_u \cdot (\mathrm{d}n)_p(\mathbb{X}_v).$$

因为 $\mathbb{X}_u \perp n$，所以 $\mathbb{X}_u \cdot n = 0$. 两边关于 v 求偏导，得

$$\mathbb{X}_{uv} \cdot n + \mathbb{X}_u \cdot n_v = 0.$$

同理可得

$$\mathbb{X}_{uv} \cdot n + \mathbb{X}_v \cdot n_u = 0.$$

所以

$$\mathbb{X}_u \cdot (\mathrm{d}n)_p(\mathbb{X}_v) = \mathbb{X}_u \cdot n_v = -\mathbb{X}_{uv} \cdot n = \mathbb{X}_v \cdot n_u = (\mathrm{d}n)_p(\mathbb{X}_u) \cdot \mathbb{X}_v.$$

1.4 第二基本形式之代数

定义 1.18（第二基本形式） 与 $(\mathrm{d}n)_p$ 相伴的二次型称为曲面 S 在 p 点的**第二基本形式**，也就是

$$\mathrm{II}_p : T_pS \to \mathbb{R}$$

$$w \mapsto \mathrm{II}_p(w) = -(\mathrm{d}n)_p(w) \cdot w.$$

对于自伴线性变换, 存在一组正交基, 使得该变换在这组基下对应的矩阵是对角矩阵. 将此结论应用到 $(\mathrm{d}n)_p$ 上, 有

定义 1.19 (主曲率、主方向) 在 T_pS 存在一组正交基 $\{e_1, e_2\}$, 使得 $(\mathrm{d}n)_p(e_i) = -\kappa_i e_i$, $i = 1, 2$. 称 κ_i 为**主曲率**, e_i 为对应的**主方向**.

定义 1.20 (平均曲率、Gauss 曲率) 称 $K(p) = \det((\mathrm{d}n)_p) = \kappa_1 \cdot \kappa_2$ 为 S 在 p 点的 **Gauss 曲率**, 称 $H = -\dfrac{1}{2}\mathrm{tr}((\mathrm{d}n)_p) = \dfrac{1}{2}(\kappa_1 + \kappa_2)$ 为 S 在 p 点的**平均曲率**.

例题 1.14 (Euler 公式) 设 $\{e_1, e_2\}$ 为 T_pS 一组对应于主方向的正交基, 则对于单位切向量 $v \in T_pS$, 可将其表为 $v = e_1 \cos\theta + e_2 \sin\theta$, 于是就有

$$\mathrm{II}_p(v) = -(\mathrm{d}n)_p(v) \cdot v = \kappa_1 \cos^2\theta + \kappa_2 \sin^2\theta.$$

这一公式的推论是主曲率分别是第二基本形式在单位切向量上取的最大值和最小值.

例题 1.15 (局部参数化典范基下的第二基本形式) 令

$$e = \mathbb{X}_{uu} \cdot n, \quad f = \mathbb{X}_{uv} \cdot n, \quad g = \mathbb{X}_{vv} \cdot n.$$

取 $w = x\mathbb{X}_u + y\mathbb{X}_v \in T_pS$, 则

$$\mathrm{II}_p(w) = ex^2 + 2fxy + gy^2.$$

解 注意到 $n \cdot \mathbb{X}_u \equiv 0$, 所以有

$$n_u \cdot \mathbb{X}_u + n \cdot \mathbb{X}_{uu} = 0.$$

类似地, 还有

$$n_u \cdot \mathbb{X}_v + n \cdot \mathbb{X}_{uv} = 0, \quad n_v \cdot \mathbb{X}_u + n \cdot \mathbb{X}_{uv} = 0.$$

因此, 根据定义有

$$\begin{aligned}\mathrm{II}_p(w) &= -(\mathrm{d}n)_p(w) \cdot w = -(xn_u + yn_v) \cdot (x\mathbb{X}_u + y\mathbb{X}_v) \\ &= (x, y)\begin{pmatrix} e & f \\ f & g \end{pmatrix}\begin{pmatrix} x \\ y \end{pmatrix} = ex^2 + 2fxy + gy^2.\end{aligned}$$

注 我们称 $e(u,v), f(u,v), g(u,v)$ 为**第二基本形式在局部参数化下的系数**.

定义 1.21 (点的命名)
(1) 如果 $K(p) > 0$, p 被称为**椭圆点**, 这时两个主曲率同号;
(2) 如果 $K(p) < 0$, p 被称为**双曲点**, 这时两个主曲率异号;

(3) 如果 $K(p) = 0, H(p) \neq 0$, p 被称为**抛物点**;

(4) 如果 $\kappa_1(p) = \kappa_2(p) = 0$, p 被称为**平坦点**;

(5) 如果 $\kappa_1(p) = \kappa_2(p)$, p 被称为**全脐点**.

例题 1.16 如果一个曲面 S 上所有点都是全脐点，S 必为球面或者平面的一部分.

证明 在一个局部参数化下，假定 $\kappa_1 = \kappa_2 = -\lambda(u, v)$. 根据题设，有

$$(\mathrm{d}n)_p \begin{pmatrix} \mathbb{X}_u \\ \mathbb{X}_v \end{pmatrix} = \begin{pmatrix} \lambda & 0 \\ 0 & \lambda \end{pmatrix} \begin{pmatrix} \mathbb{X}_u \\ \mathbb{X}_v \end{pmatrix} = \begin{pmatrix} n_u \\ n_v \end{pmatrix},$$

即

$$n_u = \lambda(u, v)\mathbb{X}_u, \tag{1.5}$$

$$n_v = \lambda(u, v)\mathbb{X}_v. \tag{1.6}$$

断言: $\lambda \equiv$ 常数.

$$\frac{\partial}{\partial v}(1.5) \Rightarrow n_{uv} = \lambda_v \mathbb{X}_u + \lambda \mathbb{X}_{uv},$$

$$\frac{\partial}{\partial u}(1.6) \Rightarrow n_{vu} = \lambda_u \mathbb{X}_v + \lambda \mathbb{X}_{vu}.$$

由此得 $\lambda_v \mathbb{X}_u = \lambda_u \mathbb{X}_v$. 因为 $\mathbb{X}_u, \mathbb{X}_v$ 线性无关，所以 $\lambda_u = \lambda_v = 0$, 即 $\lambda \equiv$ 常数.

于是 (1.5) 和 (1.6) 式简化为 $n_u = \lambda \mathbb{X}_u, n_v = \lambda \mathbb{X}_v$, 所以 $n - \lambda \mathbb{X} =$ 常向量 $= n_0$. 下面分两种情况讨论：

(1) $\lambda = 0 \Rightarrow n = n_0$, 所以 S 在一个以 n_0 为法向量的平面内;

(2) $\lambda \neq 0$, 记 $n = \lambda \mathbb{X} + n_0 \Rightarrow |\lambda \mathbb{X} + n_0| = 1$, 所以 S 落在以 $-\dfrac{n_0}{\lambda}$ 为心、以 $\left|\dfrac{1}{\lambda}\right|$ 为半径的球面上.

关于全脐点，有一个著名的 **Carathéodory 猜想**: 设 $S \subset \mathbb{R}^3$ 为一闭凸曲面 (S 总是完整地落在任一切平面的一侧)，则 S 至少有两个全脐点. 感兴趣的读者可以参阅文献 [7] 及其中的引文.

1.5 第二基本形式之几何

定义 1.22(法曲率) 设 α 是以弧长为参数的可定向曲面 S 上的曲线，设 $\alpha(0) = p$, 该曲线在 p 点处的**法曲率** (记为 k_n) 定义为

$$k_n = \alpha''(0) \cdot n(p).$$

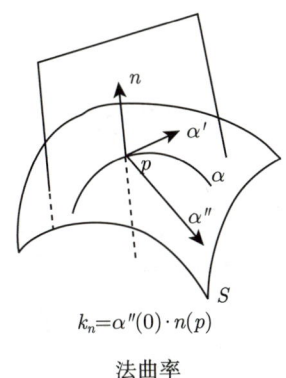

$$k_n = \alpha''(0) \cdot n(p)$$

法曲率

法曲率和第二基本形式的关系如下:

命题 1.4
$$\mathrm{II}_p(\alpha'(0)) = k_n.$$

证明 我们将法向量场在 $\alpha(s)$ 上限制简记为 $n(s)$. 根据切映射的定义知

$$(\mathrm{d}n)_p(\alpha'(0)) = n'(0),$$

所以

$$\mathrm{II}_p(\alpha'(0)) = -(\mathrm{d}n)_p(\alpha'(0)) \cdot \alpha'(0) = -n'(0) \cdot \alpha'(0) = n(0) \cdot \alpha''(0).$$

最后一个等号成立是由于 $\alpha'(s) \cdot n(s) \equiv 0$.

根据上述命题, 为了计算 $\mathrm{II}_p(v)$, 我们可以在 S 上找一条以弧长为参数的曲线 α 经过 p, 且 $\alpha'(0) = v$. 显然有一种非常自然的选择:

<u>**定义 1.23**</u>(法截线)   由 $n(p)$ 和 v 张成的平面和 S 所截得的曲线称为曲面在 p 点处沿 v 的**法截线**.

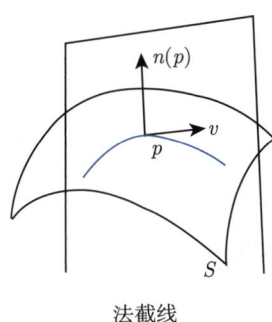

法截线

由于法截线是一条平面曲线, 所以它的法曲率就是 $\pm \kappa$. 我们可以用法截线对一些曲面的曲率做一些"肉眼观测".

例题 1.17   单位球面 (取外法向): $\mathrm{II}_p(v) = -v, \forall v \in T_p \mathbb{S}^2(1)$.

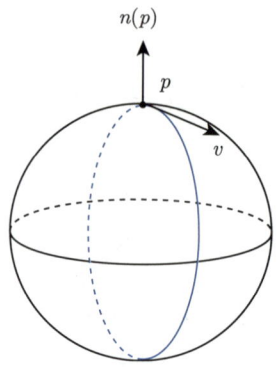

例题 1.18　单位柱面 (取外法向): $\mathrm{II}_p(v_1) = -1$, $\mathrm{II}_p(v_2) = 0$.

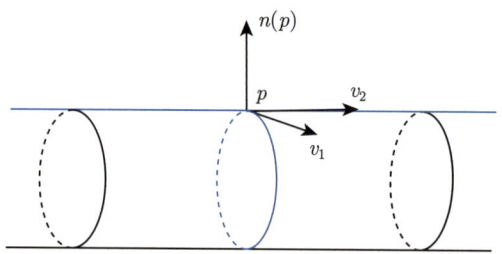

例题 1.19　马鞍面: $K(p) < 0$, 这个例子没有精确的主曲率读数, 但是可以推断出在 p 点两个主曲率异号.

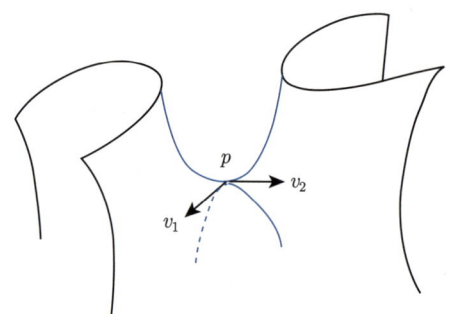

1.6　曲率之局部坐标计算

上两节我们从理论上分析了 $(\mathrm{d}n)_p$, 但通常情况下, 找到主方向本身就是一件困难的事. 由于平均曲率和 Gauss 曲率是 $(\mathrm{d}n)_p$ 的迹和行列式, 所以从计算角度, 我们只需在局部参数化的典范基下把 $(\mathrm{d}n)_p$ 表示出来, 就能计算平均曲率和 Gauss 曲率. 回忆第

一、第二基本形式在局部参数化典范基的系数:
$$E = \mathbb{X}_u \cdot \mathbb{X}_u, \quad F = \mathbb{X}_u \cdot \mathbb{X}_v, \quad G = \mathbb{X}_v \cdot \mathbb{X}_v,$$
$$e = \mathbb{X}_{uu} \cdot n, \quad f = \mathbb{X}_{uv} \cdot n, \quad g = \mathbb{X}_{vv} \cdot n.$$

设
$$(\mathrm{d}n)_p \begin{pmatrix} \mathbb{X}_u \\ \mathbb{X}_v \end{pmatrix} = \begin{pmatrix} a_{11} & a_{12} \\ a_{21} & a_{22} \end{pmatrix} \begin{pmatrix} \mathbb{X}_u \\ \mathbb{X}_v \end{pmatrix} = \begin{pmatrix} n_u \\ n_v \end{pmatrix}.$$

由于
$$\begin{pmatrix} \mathbb{X}_u \\ \mathbb{X}_v \end{pmatrix} \begin{pmatrix} \mathbb{X}_u & \mathbb{X}_v \end{pmatrix} = \begin{pmatrix} E & F \\ F & G \end{pmatrix}, \quad \begin{pmatrix} n_u \\ n_v \end{pmatrix} \begin{pmatrix} \mathbb{X}_u & \mathbb{X}_v \end{pmatrix} = -\begin{pmatrix} e & f \\ f & g \end{pmatrix},$$

所以有
$$\begin{pmatrix} a_{11} & a_{12} \\ a_{21} & a_{22} \end{pmatrix} = -\begin{pmatrix} e & f \\ f & g \end{pmatrix} \begin{pmatrix} E & F \\ F & G \end{pmatrix}^{-1}. \tag{1.7}$$

命题 1.5 可定向正则光滑曲面 S 在局部参数化下的 Gauss 曲率和平均曲率分别为
$$K = \frac{eg - f^2}{EG - F^2}, \quad H = \frac{1}{2}\frac{eG - 2fF + gE}{EG - F^2}. \tag{1.8}$$

例题 1.20(作为函数图像的曲率) 设 S 为光滑函数 $z = f(x, y)$ 的图像, 取朝上的单位法向量场, 试计算其平均曲率和 Gauss 曲率.

解 很显然, 有一个整体参数化
$$\mathbb{X}(u, v) = (u, v, f(u, v)), \quad (u, v) \in \mathbb{R}^2,$$
这样
$$\mathbb{X}_u = (1, 0, f_u), \quad \mathbb{X}_v = (0, 1, f_v),$$
于是
$$E = 1 + f_u^2, \quad F = f_u f_v, \quad G = 1 + f_v^2.$$

朝上的单位法向量为
$$n = \frac{(-f_u, -f_v, 1)}{\sqrt{1 + f_u^2 + f_v^2}},$$
所以
$$e = \frac{f_{uu}}{\sqrt{1 + f_u^2 + f_v^2}}, \quad f = \frac{f_{uv}}{\sqrt{1 + f_u^2 + f_v^2}}, \quad g = \frac{f_{vv}}{\sqrt{1 + f_u^2 + f_v^2}}.$$

将上述计算所得代入 (1.8) 式并化简, 有
$$H = \frac{1}{2}\frac{f_{uv}(1 + f_v^2) - 2f_{uv}f_u f_v + f_{vv}(1 + f_u^2)}{(1 + |\nabla f|^2)^{\frac{3}{2}}}$$

$$= \frac{1}{2}\operatorname{div}\left(\frac{\nabla f}{\sqrt{1+|\nabla f|^2}}\right), \tag{1.9}$$

$$K = \frac{f_{uu}f_{vv} - f_{uv}^2}{(1+|\nabla f|^2)^2} = \frac{\det(\operatorname{Hess}(f))}{(1+|\nabla f|^2)^2}. \tag{1.10}$$

我们给出上述计算中一个非常重要的观察: 如果 $\nabla f|_{(0,0)} = 0$, 那么在 $(0,0)$ 处有

$$E = 1, F = 0, G = 1, \quad \text{并且} \quad e = f_{uu}, f = f_{uv}, g = f_{vv}.$$

所以 $(\mathrm{d}n)_{(0,0)}$ 相应于典范基的矩阵表示就是

$$-\begin{pmatrix} e & f \\ f & g \end{pmatrix}\begin{pmatrix} E & F \\ F & G \end{pmatrix}^{-1} = -\begin{pmatrix} f_{uu} & f_{uv} \\ f_{vu} & f_{vv} \end{pmatrix} = -\operatorname{Hess}(f).$$

对于 $\forall p \in S$, 总可以在 p 点附近将 S 表为 T_pS 上某函数 f 的图像, 且 p 恰为原点, $\nabla f(p) = 0$. 所以曲面 S 在 p 处的曲率信息蕴涵于 f 在该点的 Hessian 矩阵中. 这样就有如下推断:

(1) $\operatorname{Hess}(f)(p)$ 正定或负定 $\Leftrightarrow K(p) > 0 \Rightarrow S$ 在 p 点附近落在 T_pS 一侧. 我们称 S 在 p 点处**局部凸**.

(2) $\operatorname{Hess}(f)(p)$ 非退化, 且不定 $\Leftrightarrow K(p) < 0 \Rightarrow S$ 在 p 点附近总是分居 T_pS 的两侧 (形如马鞍面).

(3) $\operatorname{Hess}(f)(p)$ 退化 $\Leftrightarrow K(p) = 0$.

注 $K(p) = 0$ 时, 曲面在 p 点和其切平面的位置关系并不明确 (见习题 47).

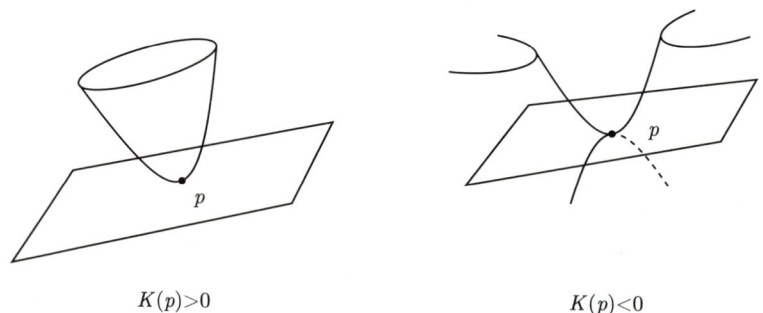

$K(p)>0$ $\quad\quad\quad\quad$ $K(p)<0$

例题 1.21(比较原理) 设 f, g 为定义在 $\mathbb{R}^2$ 原点邻域 U 上的两个光滑函数, 满足:

(1) $f(x) \geqslant g(x) \geqslant 0, \forall x \in U$;

(2) $f(0) = g(0) = 0$,

则 f 和 g 图像对应曲面的 Gauss 曲率在原点处满足 $K_f(0) \geqslant K_g(0) \geqslant 0$.

解 由于 f,g 均在 0 处取到局部极小值, 有 $\nabla f(0) = \nabla g(0) = 0$. 另外由于 $f - g$ 也在 0 处取到局部极小值, 有 $\mathrm{Hess}(f)(0) \geqslant \mathrm{Hess}(g)(0)$. 根据 (1.10) 式立知

$$K_f(0) = \det(\mathrm{Hess}(f)(0)) \geqslant \det(\mathrm{Hess}(g)(0)) = K_g(0).$$

该比较原理的一个推论是 (见习题 48):

推论 1.2 若 $S \subset \mathbb{R}^3$ 为一有界闭曲面, 则 S 一定存在椭圆点.

若 S 为 $\mathbb{R}^2$ 上光滑函数图像对应的正则光滑曲面, (1.9) 和 (1.10) 式分别给出其平均曲率和 Gauss 曲率, 简化成右端的形式正对应了两个非常重要的几何偏微分方程: **极小曲面方程以及 Monge-Ampère 方程**. 这里我们介绍 Bernstein 关于这两类方程的两个 Liouville 型定理.

定理 1.3 (Bernstein) 如果定义在 $\mathbb{R}^2$ 上的光滑函数 $z = f(x, y)$ 图像的平均曲率恒为零, 即 f 满足

$$\mathrm{div}\left(\frac{\nabla f}{\sqrt{1 + |\nabla f|^2}}\right) = 0, \tag{1.11}$$

那么

$$f(x, y) = ax + by + c.$$

注 平均曲率恒为零的曲面称为**极小曲面**.

定理 1.4 (Bernstein) 如果定义在 $\mathbb{R}^2$ 上的函数 $z = f(x, y)$ 图像的 Gauss 曲率处处小于零, 则 f 必为无界函数.

我们仅给出定理 1.3 的证明, 该证明依赖 Jörgens 的一个定理. 定理 1.4 的证明参见 [17] 中的定理 10.31.

定理 1.5 (Jörgens) 设 $E: \mathbb{R}^2 \to \mathbb{R}$ 为一光滑凸函数, 满足

$$\det(\mathrm{Hess}(E)) = E_{xx} E_{yy} - E_{xy}^2 = 1, \tag{1.12}$$

则 E 一定是一个二次多项式.

证明 考虑映射 $T(x, y) = (x + E_x, y + E_y)$. 根据 E 的凸性, 我们可以证明 T 是一个距离不减的映射, 进而 T 既单又满. 令 $x + E_x = \xi, y + E_y = \eta$, T 在 $\mathbb{R}^2$ 上的反函数记为 $T^{-1}(\xi, \eta) = (x, y)$. 设

$$F(\xi, \eta) = x - \mathrm{i}y - (E_x - \mathrm{i}E_y),$$

F 是复变量 $\zeta = \xi + \mathrm{i}\eta$ 的函数, 容易验证 F 是一个全纯函数. 另外, 直接计算就可以验证

$$|F'(\zeta)| \leqslant C.$$

所以根据 Liouville 定理, $F'(\zeta)$ 是常值函数, 进而得 E 为二次多项式.

定理 1.3 的证明 因为 f 满足 (1.11) 式, 直接计算可得

$$\frac{\partial}{\partial x}\left(\frac{1+f_y^2}{\sqrt{1+|\nabla f|^2}}\right) = \frac{\partial}{\partial y}\left(\frac{f_x f_y}{\sqrt{1+|\nabla f|^2}}\right),$$

以及

$$\frac{\partial}{\partial y}\left(\frac{1+f_x^2}{\sqrt{1+|\nabla f|^2}}\right) = \frac{\partial}{\partial x}\left(\frac{f_x f_y}{\sqrt{1+|\nabla f|^2}}\right).$$

这样就存在光滑函数 φ, ψ, 使得

$$\frac{\partial \varphi}{\partial x} = \frac{f_x f_y}{\sqrt{1+|\nabla f|^2}}, \quad \frac{\partial \varphi}{\partial y} = \frac{1+f_y^2}{\sqrt{1+|\nabla f|^2}},$$

以及

$$\frac{\partial \psi}{\partial x} = \frac{1+f_x^2}{\sqrt{1+|\nabla f|^2}}, \quad \frac{\partial \psi}{\partial y} = \frac{f_x f_y}{\sqrt{1+|\nabla f|^2}}.$$

如此知存在函数 E 使得 $\frac{\partial E}{\partial x} = \psi$ 及 $\frac{\partial E}{\partial y} = \varphi$. 注意到 E 满足 (1.12) 式, 所以根据 Jörgens 定理, 我们推断 $f_x = $ 常数 以及 $f_y = $ 常数, 定理得证.

例题 1.22 (旋转面的曲率计算) 设 $\gamma(s) = (\varphi(s), \psi(s))$ 为 $y-z$ 平面第一象限内一条以弧长为参数的曲线, 将其绕 z 轴旋转一圈得到的旋转面记为 S, 取朝外的法向量. 则有

$$K = -\frac{\varphi''(s)}{\varphi(s)}, \quad H = \frac{1}{2}\frac{(-\psi'\varphi'' + \varphi'\psi'')\varphi^2 + \psi'\varphi}{\varphi^2}.$$

解 对 S 有如下参数化:

$$\mathbb{X}(s, \theta) = (\varphi(s)\cos\theta, \varphi(s)\sin\theta, \psi(s)),$$

所以

$$\mathbb{X}_s = (\varphi'\cos\theta, \varphi'\sin\theta, \psi'), \quad \mathbb{X}_\theta = (-\varphi\sin\theta, \varphi\cos\theta, 0).$$

进一步, 有

$$E = 1(s \text{ 为弧长参数}), \quad F = 0, \quad G = \varphi^2.$$

为了计算第二基本形式的系数, 朝外的法向量为

$$n(s, \theta) = (-\psi'\cos\theta, -\psi'\sin\theta, \varphi').$$

另有

$$\mathbb{X}_{ss} = (\varphi''\cos\theta, \varphi''\sin\theta, \psi''), \quad \mathbb{X}_{s\theta} = (-\varphi'\sin\theta, \varphi'\cos\theta, 0),$$

$$\mathbb{X}_{\theta\theta} = (-\varphi\cos\theta, -\varphi\sin\theta, 0),$$

所以
$$e = -\psi'\varphi'' + \varphi'\psi'', \quad f = 0, \quad g = \psi'\varphi.$$

最后得到
$$K = \frac{(-\psi'\varphi'' + \varphi'\psi'')\psi'\varphi}{\varphi^2} = -\frac{\varphi''}{\varphi}, \quad H = \frac{1}{2}\frac{(-\psi'\varphi'' + \varphi'\psi'')\varphi^2 + \psi'\varphi}{\varphi^2}.$$

注意在上式的化简中利用了
$$\varphi'^2 + \psi'^2 \equiv 1 \Rightarrow \varphi'\varphi'' + \psi'\psi'' = 0.$$

1.7 Gauss 映射像的面积

定理 1.6 设 $\Omega \subset S$ 为正则光滑曲面 S 上一区域, 满足:
(1) $K(p)$ 在 Ω 上不变号;
(2) Gauss 映射 n 在 Ω 上的限制是单射,

则
$$\text{Area}(n(\Omega)) = \int_\Omega |K| \mathrm{d}\sigma.$$

证明 首先回忆曲面积分的定义: $f \in C(S)$, 设 $R \subset S$ 落在一个局部参数化 $\mathbb{X}$ 内, 则有
$$\int_R f \mathrm{d}\sigma := \iint_{\mathbb{X}^{-1}(R)} f \cdot \sqrt{EG - F^2} \mathrm{d}u \mathrm{d}v.$$

根据积分关于区域的可加性, 不妨假设 Ω 落在一个局部参数化 $\mathbb{X}$ 内.

断言 $n \circ \mathbb{X} = n(u,v)$ 恰构成 $n(\Omega)$ 的一个局部参数化.

事实上, n 是单射保证了 $n \circ \mathbb{X}$ 也是单射. 若设
$$n_u = (\mathrm{d}n)_p(\mathbb{X}_u) = a\mathbb{X}_u + b\mathbb{X}_v,$$
$$n_v = (\mathrm{d}n)_p(\mathbb{X}_v) = c\mathbb{X}_u + d\mathbb{X}_v,$$

则
$$n_u \wedge n_v = (ad - bc)\mathbb{X}_u \wedge \mathbb{X}_v = K(\mathbb{X}_u \wedge \mathbb{X}_v).$$

由于 $K \neq 0$, 所以 n_u 和 n_v 线性无关.

由此根据面积的定义知
$$\text{Area}(n(\Omega)) = \iint_{\mathbb{X}^{-1}(\Omega)} |n_u \wedge n_v| \mathrm{d}u \mathrm{d}v = \iint_{\mathbb{X}^{-1}(\Omega)} |K||\mathbb{X}_u \wedge \mathbb{X}_v| \mathrm{d}u \mathrm{d}v = \int_\Omega |K| \mathrm{d}\sigma.$$

注 在上述定理中, 如果去掉 $n|_\Omega$ 为单射的条件, 则有

$$\text{Area}(n(\Omega)) \leqslant \int_\Omega |K| \mathrm{d}\sigma.$$

实际上, 根据几何测度论的面积公式, 有如下公式:

定理 1.7 设 S 为一封闭曲面, 则

$$\int_S |K| \mathrm{d}\sigma = \int_{\mathbb{S}^2} \#\{n^{-1}(y)\} \mathrm{d}y. \tag{1.13}$$

定理 1.8 设 S 为一正则光滑闭曲面且 Gauss 曲率 $K > 0$, 则

$$\int_S K \mathrm{d}\sigma = 4\pi.$$

证明 根据定理 1.6, 在题设条件下我们证明 Gauss 映射 $n: S \to \mathbb{S}^2(1)$ 既单又满. 先证满射, 即要证 $\forall v \in \mathbb{S}^2(1)$, 存在 $\exists p \in S$, 使得 $n(p) = v$. 为此取一个以 v 为法向量的平面 H, 总可以假定 H 和 S 分离, 且沿着 $-v$ 方向平移 H 会和 S 相交. 在 H 和 S 第一次相交的交点处, v 即为 S 在该点的外法向.

再证单射. 由于 $K(p) = \det(\mathrm{d}n)_p \neq 0$, 根据反函数定理, $n: S \to \mathbb{S}^2(1)$ 是一个局部微分同胚, 又由于 S 本身是一个紧集, 所以 Gauss 映射其实是一个覆盖映射 (见第二章习题 31). 由于单位球面是单连通的, 到单连通紧集的覆盖映射就成为一个全局的微分同胚, 自然是单射.

如果曲面 S 总是完整地落在任一切平面 T_pS 的一侧, 就称其为**凸曲面**, 可以利用上述定理的证明得到下述定理, 该定理最早由 Hadamard 证明.

定理 1.9 (Hadamard) 若闭曲面 S 处处 Gauss 曲率为正, 则 S 必是一个凸曲面.

上述定理在 Gauss 曲率非负的情形也成立, 但证明更为困难, 由陈省身和 Lashof 于 1958 年给出[4].

定理 1.10 (Chern-Lashof) 设闭曲面 S 具有非负 Gauss 曲率 $K \geqslant 0$, 则 S 必是一个凸曲面.

1.8　Fenchel, Fary-Milnor 定理

作为曲线和曲面局部理论的一个综合应用, 本节我们介绍 Fenchel 定理以及 Fary-Milnor 定理. Fary-Milnor 定理有很多种证法, 感兴趣的读者可参考 A. Petrunin 和 S. Stadler 写的文章[18].

定理 1.11 (Fenchel)　设 α 为 $\mathbb{R}^3$ 中一条简单光滑闭曲线，则其全曲率

$$\int_\alpha \kappa(s)\,\mathrm{d}s \geqslant 2\pi,$$

等号成立当且仅当 α 是一条平面凸曲线.

定理 1.12 (Fary, Milnor)　若 α 是 $\mathbb{R}^3$ 中一条打结的简单光滑闭曲线，那么

$$\int_\alpha \kappa(s)\,\mathrm{d}s > 4\pi.$$

证明　我们统一处理 Fenchel 定理和 Fary-Milnor 定理的证明. 证明的思路一言以蔽之就是"考虑 α 的管状邻域". 我们假定 $\kappa(s) \neq 0, \forall s, \kappa(s)$ 有零的情况可以通过逼近解决, 细节留给读者.

先证 Fenchel 定理. 设 $\{T(s), N(s), B(s)\}$ 为 α 的 Frenet 标架, κ, τ 分别是曲率和挠率, α 的一个半径为 r 的管状邻域即是如下参数曲面的闭包:

$$\mathbb{X}(s, \theta) = \alpha(s) + r(\cos\theta N(s) + \sin\theta B(s)), \quad s \in [0, l], \theta \in (0, 2\pi).$$

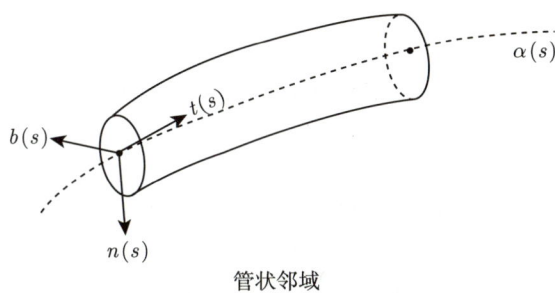

管状邻域

易知, 当 $r \ll 1$, S 为正则光滑闭曲面. 记曲面的外法向为 n, 易知 $n = \cos\theta\, N(s) + \cos\theta\, B(s)$. 我们注意到可以按下述公式计算 Gauss 曲率:

$$n_s \wedge n_\theta = K\, \mathbb{X}_s \wedge \mathbb{X}_\theta,$$

则有

$$\mathbb{X}_s = T(s) + r(\cos\theta\,(-\kappa T(s) - \tau B(s)) + \sin\theta\,\tau N(s)),$$

$$\mathbb{X}_\theta = r(-\sin\theta\, N(s) + \cos\theta\, B(s));$$

$$n_s = \cos\theta(-\kappa T(s) - \tau B(s)) + \sin\theta\,(\tau N(s)),$$

$$n_\theta = -\sin\theta\, N(s) + \cos\theta\, B(s).$$

由此得
$$K = \frac{-\kappa \cos\theta}{r(1 - r\kappa \cos\theta)}.$$

记 $\Omega_+ = \{p \in S | K(p) > 0\}$，其对应于 $\theta \in (\pi/2, 3\pi/2)$，有
$$\int_{\Omega_+} K \, d\sigma = \int_0^l \int_{\pi/2}^{3\pi/2} \frac{-\kappa(s)\cos\theta}{r(1-r\kappa\cos\theta)} \sqrt{EG - F^2} \, ds d\theta$$
$$= \int_0^l \int_{\pi/2}^{3\pi/2} -\kappa(s)\cos\theta \, ds d\theta$$
$$= 2\int_0^l \kappa(s) ds.$$

而根据 Gauss 映射的几何意义，
$$\int_{\Omega_+} K d\sigma \geqslant \text{Area}(n(\Omega_+)).$$

我们断言 $n(\overline{\Omega_+}) = \mathbb{S}^2$. 实际上任取单位向量 v，取以 v 为法向的一平面 H. 总可以假定该平面初始位置和 S 不相交，但是朝 S 移动该平面直到第一次相交，则任一交点 p 处的切平面即以 $\pm v$ 为法向，并且有 $K(p) \geqslant 0$. 由于 $\theta = \pi/2$ 和 $\theta = 3\pi/2$ 在 Gauss 映射下的像在 $\mathbb{S}^2$ 中是一个零测集，所以
$$\text{Area}(n(\Omega_+)) = \text{Area}(\mathbb{S}^2) = 4\pi,$$

由此 Fenchel 定理得证.

下面来追溯等号成立的情况. 我们断言
$$\left\{n\left(s, \frac{\pi}{2}\right), n\left(s, \frac{3\pi}{2}\right)\right\} = \{\pm p\}, \quad \forall s \in [0, l].$$

注意到 $n(s, \theta) = \cos\theta \, N(s) + \sin\theta \, B(s)$，所以 Gauss 映射把 $\Omega_+(s)$ 映到一个大圆弧的一半 $C(s) = \cos\theta \, N(s) + \sin\theta \, B(s), \frac{\pi}{2} < \theta < \frac{3\pi}{2}$. 这族半大圆弧 $\left\{\cos\theta \, N(s) + \sin\theta \, B(s), \frac{\pi}{2} < \theta < \frac{3\pi}{2}\right\}$ 随着 s 连续变化. 如果他们的端点并不固定，那么易知当 s_1, s_2 接近时，$C(s_1)$ 必和 $C(s_2)$ 相交. 这意味着交点在 Gauss 映射下的原像个数大于等于 2，导致 $\int_{\Omega_+} K d\sigma > 4\pi$.

所以 $\pm B(s) = \pm p$，也就是说 α 是一条平面曲线. 而随着 s 的变化，$C(s)$ 正好以 $\pm p$ 的连线为轴"包裹" $\mathbb{S}^2(1)$ 一圈. 这说明 α 必是凸曲线.

下面证明 Fary-Milnor 定理. 所谓闭曲线打结，就是其不能在三维中连续形变成一个简单的平面圆周. 固定 $v \in \mathbb{S}^2 \setminus \{\pm B(s)\}_{s \in [0,l]}$，考虑曲线关于 v 的高度函数：$h_v(s) :=$

$\alpha(s)\cdot v$. 我们断言 $h_v(s)$ 的临界点必为局部极小或极大. 设 s_0 为一临界点, 则有 $0 = h_v'(s_0) = T(s_0)\cdot v$. 所以 $v \in \text{span}\{N(s_0), B(s_0)\}$. 从而 $h_v''(s_0) = \kappa(s_0)N(s_0)\cdot v \neq 0$.

一个重要的观察是: 如果存在 $v \in \mathbb{S}^2$ 使得 h_v 恰有两个临界点, 则 α 必不是纽结.

所以现在我们可以假定 $\forall v \in \mathbb{S}^2 \setminus \{\pm B(s)\}_{s\in[0,l]}$, h_v 有超过两个临界点, 但是因为封闭曲线上临界点肯定成对出现, 所以存在至少两个局部极小点 $\alpha(s_1), \alpha(s_2)$ 以及两个局部极大点 $\alpha(s_3), \alpha(s_4)$. 这样在

$$p_1 = \alpha(s_1) - rv, \quad p_2 = \alpha(s_2) - rv$$

这两个点处, 管状邻域的外法向量为 $-v$; 而在

$$p_3 = \alpha(s_3) + rv, \quad p_4 = \alpha(s_4) + rv$$

这两个点处, 管状邻域的外法向量为 v. 这样一来 $\mathbb{S}^2 \setminus \{\pm B(s)\}_{s\in[0,l]}$ 中的每个点, 其 Gauss 映射原像至少有两个, 所以根据 (1.13) 式, 有

$$\int_{\Omega_+} K\,d\sigma \geqslant 8\pi.$$

根据上述追溯等号的讨论, 在纽结情况下等号是无法取到的. 一个有趣的练习是构造纽结使得其全曲率任意接近 4π.

第一章练习

1. 证明: 平面上两点之间直线段最短.

2. (滚轮线和最速降线) 单位圆周沿着 x 轴滚动, 其上一点的轨迹称为滚轮线, 以下图所示的 t 做参数, 给出滚轮线的参数化, 该曲线在一个周期内曲率最大的点的存在吗? 试搜索滚轮线和最速降线之间的关系.

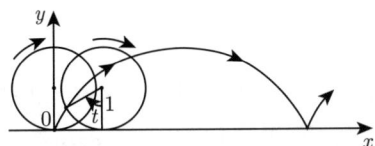

3. (拽物线) 一单位长度连杆水平放置在 x 轴上, 一端在原点, 该端沿着 y 轴朝上运动, 另一端的轨迹曲线称为拽物线 (见下图), 试给出拽物线的一个参数化.

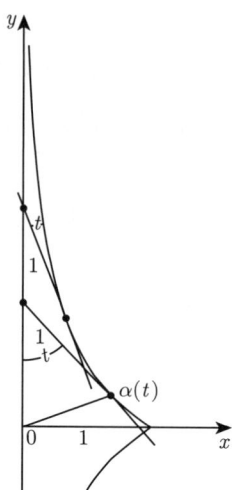

4. 设 $\alpha(t)$ 是一正则参数空间曲线, t 不一定是弧长参数. 记 $\dfrac{\mathrm{d}\alpha}{\mathrm{d}t} = \alpha'$ 以及 $\dfrac{\mathrm{d}^2\alpha}{\mathrm{d}t^2} = \alpha''$, 证明: α 的曲率和挠率分别为

$$\kappa(t) = \frac{|\alpha' \wedge \alpha''|}{|\alpha'|^3}, \quad \tau(t) = -\frac{(\alpha' \wedge \alpha'') \cdot \alpha'''}{|\alpha' \wedge \alpha''|^2}.$$

5. 设 $\alpha : [a,b] \to \mathbb{R}^2$ 为一平面曲线, 对于单位方向 u, $\alpha_u = (\alpha \cdot u)u$ 为 α 到 u 方向过原点直线的投影. 证明:

$$\text{length}(\alpha) = \frac{1}{4}\int_{\mathbb{S}^1} \text{length}(\alpha_u)\mathrm{d}u.$$

6. (Descartes 定理) 平面上彼此相切的四个圆, 证明: 它们的曲率满足 $(\kappa_1 + \kappa_2 + \kappa_3 + \kappa_4)^2 = 2(\kappa_1^2 + \kappa_2^2 + \kappa_3^2 + \kappa_4^2)$.

7. 计算下列曲线的曲率和挠率:

(1) $x = \mathrm{e}^t, y = \mathrm{e}^{-t}, z = t\sqrt{2}$;

(2) $x = \cos^3 t, y = \sin^3 t, z = \cos 2t$.

8. (密切圆) 设 $\gamma(s)$ 为一条以弧长为参数的平面曲线, 假设 $\kappa(s) \neq 0$, 以 $\gamma(s) + \dfrac{1}{\kappa s}n(s)$ 为圆心, $\left|\dfrac{1}{\kappa(s)}\right|$ 为半径的圆周, 称为 γ 在 s 处的密切圆. 因为该圆不仅和曲线相切, 而且在 s 处和曲线有相同的曲率.

设 $\gamma(s)$ 是一条以弧长为参数的平面曲线, 假设 $\kappa(s_0) \neq 0$. 设 $C(s_1, s_2, s_3)$ 为 $\gamma(s_1)$, $\gamma(s_2), \gamma(s_3)$ (不共线) 的外接圆, 其半径记为 $r(s_1, s_2, s_3)$. 证明: 当 $s_1, s_2, s_3 \to s_0$ 时, $C(s_1, s_2, s_3)$ 收敛于 γ 在 s_0 处的密切圆, 并且

$$\lim_{s_1 \to s_0, s_2 \to s_0, s_3 \to s_0} r(s_1, s_2, s_3) = \left|\frac{1}{\kappa(s_0)}\right|.$$

9. (比较原理)

(1) 证明: 函数图像 $y = f(x)$ 的带符号曲率为 (曲线的定向遵循 x 从小到大走向)

$$\kappa(x) = \frac{f''(x)}{(1 + f'(x)^2)^{\frac{3}{2}}}.$$

(2) 设 $f, g : (-1, 1) \to \mathbb{R}$ 为两个光滑函数, 满足

$$f(x) \geqslant g(x), \quad f(0) = g(0).$$

证明: 两个图像在原点的带符号曲率满足

$$\kappa_f(0) \geqslant \kappa_g(0).$$

10. 逆时针定向的平面简单闭曲线必有一点其带符号曲率为正.

11. 若 $\gamma : I \to \mathbb{R}^2$ 为平面上简单光滑闭曲线, 逆时针走向, s 为弧长参数, 则存在一可微函数 $\varphi(s)$, 使得单位切向量 $\gamma'(s) = (\cos\varphi(s), \sin\varphi(s))$. 证明: 带符号曲率 $k = \varphi'(s)$, 由此说明 $\int_I k(s)\mathrm{d}s = 2\pi$.

12. 若 $\Gamma = \bigcup_{i=1}^{k} \gamma_i$ 为平面上分段光滑简单闭曲线, 逆时针走向, 在分段处的外角记为 α_i, 根据上题证明 $\int_{\gamma_i} k(s)\mathrm{d}s + \sum_{i=1}^{k} \alpha_i = 2\pi$.

13. (内切圆) 通过曲率计算说明曲线 $y = \frac{1}{3}x^2$ 在 $(0,0)$ 处的一个邻域里完全落在圆周 $(y-1)^2 + x^2 = 1$ 的外侧. 是否可以找到半径更大的圆, 使其在 $(0,0)$ 处与 $y = \frac{1}{3}x^2$ 相切, 并且 $y = \frac{1}{3}x^2$ 仍然在 $(0,0)$ 的一个邻域内在该圆的外侧?

14. (平行曲线) 设 $\alpha(s), s \in [0, l]$ 为一平面闭凸曲线, 且为逆时针走向. s 为弧长参数. 取一个非常小的实数 $r > 0$, 可以定义平行与 α 的曲线为

$$\beta(s) = \alpha(s) - rn(s).$$

证明:

(1) β 的长度为 $\alpha + 2\pi r$;

(2) 被 β 包围区域的面积为 $\alpha + rl + \pi r^2$;

(3) $k_\beta(s) = k_\alpha(s)/(1 + rk_\alpha(s))$.

15. 设 C 为一平面曲线, 设 T 为在 p 处的切线. 距 p 点法线为 d 的地方画一平行线 L, C 和 L 的交点距 T 的距离记为 h (见下图). 证明:

$$|k(p)| = \lim_{d \to 0} \frac{2h}{d^2}.$$

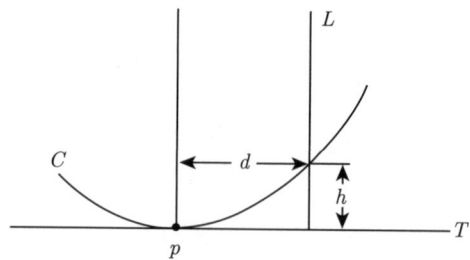

16. 曲率和挠率均不为零的曲线称为挠曲线, 证明: 如果该曲线落在一个球面上, 其曲率和挠率满足

$$\left(\frac{1}{\kappa(s)}\right)^2 + \left[\frac{1}{\tau}\frac{\mathrm{d}}{\mathrm{d}s}\left(\frac{1}{\kappa(s)}\right)\right]^2 = 常数.$$

17. 若空间挠曲线满足

$$\left(\frac{1}{\kappa(s)}\right)^2 + \left[\frac{1}{\tau}\frac{\mathrm{d}}{\mathrm{d}s}\left(\frac{1}{\kappa(s)}\right)\right]^2 = 常数,$$

证明: 该曲线或其曲率为常数, 或该曲线是球面上的一条曲线.

18. 设 $\alpha : [0, l] \to S^2$ 是单位球面上一条正则封闭曲线且 $\kappa(s) \neq 0, \forall s \in [0, l]$, 证明:

$$\int_0^l \tau(s)\mathrm{d}s = 0.$$

19. (Wienholtz) 对于一条空间闭曲线 $\gamma : S^1 \to \mathbb{R}^3$, 证明: 一定存在依次的四个点 t_0, t_1, t_2, t_3, 以及两个平行的平面 P_1, P_2, 使得 γ 夹在两个平面之间且 $\gamma(t_0), \gamma(t_2) \in P_1$, $\gamma(t_1), \gamma(t_3) \in P_2$.

20. (Fenchel 定理的又一证法) 通过以下步骤证明 Fenchel 定理: 任一封闭的空间曲线 $\alpha(s)$ ($s \in I$ 为其弧长参数, $\kappa(s)$ 为其曲率) 的全曲率

$$\int_I \kappa(s)\mathrm{d}s \geqslant 2\pi.$$

(1) 对于一条以弧长为参数的空间曲线 $\alpha(s)$, 其切向量 $t(s)$ 就是一条落在单位球面上的曲线, 用 $\kappa(s)$ 表示 $\alpha(s)$ 的曲率, 证明

$$\mathrm{length}(t(s)) = \int_{[a,b]} \kappa(s)\mathrm{d}s.$$

(2) 设 $t(s)$ 为单位球面上长度严格小于 2π 的封闭曲线, 证明 $t(s)$ 一定整体含于某个开半球内. 由此得到和 α 是闭曲线矛盾.

21. (Stoker) 设 $\alpha : \mathbb{R} \to \mathbb{R}^2$ 是一条以弧长为参数的简单凸曲线 (带符号曲率 $\kappa(s) \geqslant 0$), 若 $\lim\limits_{s \to \pm\infty} |\alpha(s)| = \infty$, 证明: $\int_{\mathbb{R}} \kappa(s)\mathrm{d}s \leqslant 2\pi$.

22. 试分类曲率和挠率都为常数的正则光滑曲线.

23. (顶点) 对于平面曲线, 其带符号曲率的局部极值点称为曲线的顶点. 证明: 椭圆 $x = a\cos t, y = b\sin t$ 正好有四个顶点.

> **注** 著名的四顶点定理断言平面上任一简单闭曲线都至少有四个顶点. 感兴趣的读者可参考 Robert Osserman 的文章[16].

24. 单位圆周上, 弧长间距为 s 的两点间的弦长为 $\lambda(s) = 2\sin\left(\dfrac{s}{2}\right)$. 现设 $\alpha(s)$ 为一长度为 2π 的简单闭曲线, s 为弧长参数, 证明: 对于任意固定的 s, 有
$$\int_{[0,2\pi]} |\alpha(s+t) - \alpha(t)|\mathrm{d}t \leqslant \lambda(s),$$
且等号成立当且仅当 α 是单位圆周.

25. 设 $\alpha : [0, L] \to \mathbb{R}^2$ 是一条以弧长为参数的光滑正则简单闭曲线, 证明:
$$d := \min_{s \in [0, \frac{L}{2}]} \left|\alpha(s) - \alpha\left(s + \frac{L}{2}\right)\right| \leqslant \frac{L}{\pi}.$$

26. (水中月) 一条平面简单闭曲线, 如果带符号曲率满足 $|\kappa| \leqslant 1$, 那么它的内部一定可以容纳一个单位开圆盘. (关于此习题请读者参考 A. Petrunin, S. Zamora Barrera 的文章[19].)

27. 证明: 例题 1.10 中的集合都是正则光滑曲面.

28. 对任意正则光滑曲面 S, 给定 $p \in S$, 证明: S 在 p 点附近总可以表成 $T_p S$ 上一函数图像.

29. 若一正则光滑曲面 S 和平面 P 只交于 p 一点, 证明: $P = T_p S$.

30. 设 $h : \mathbb{R}^3 \to \mathbb{R}$ 为一光滑映射, 若 c 为一正则值, 且 $h^{-1}(c)$ 非空, 证明: 任一 $h^{-1}(c)$ 的连通分支都是可定向曲面.

31. 证明: $\mathbb{R}^3$ 中的任一正则光滑闭曲面都是可定向的.

32. 证明: 参数曲面 $x = u + \sin v, y = u + \cos v, z = u + a$ 是一个柱面.

33. 计算曲面 $S : x^2 + y^2 - z^2 = 1$ 在 Gauss 映射下的像的面积. 这里取朝外的法向量.

34. (Tchebyshef 网) 曲面上一个局部参数化 $\mathbb{X}(u, v)$, 如果满足任四条坐标曲线 $u = u_i, v = v_i, i = 1, 2$ 围成的四边形对边相等, 就称为一个 Tchebyshef 网, 证明: 一个参数化为 Tchebyshef 网的充要条件是
$$\frac{\partial E}{\partial v} = \frac{\partial G}{\partial u} = 0.$$

35. 如果局部参数化 $\mathbb{X}$ 是一个 Tchebyshef 网, 证明: 可以做一个坐标变换使得在新的坐标下, 第一基本形式的系数为
$$E = G = 1, \quad F = \cos(\theta(u, v)).$$

这样 $\theta(u,v)$ 就表示两条坐标曲线的夹角.

36. 证明: 参数曲面 $x = \dfrac{a(uv+1)}{u+v}, y = \dfrac{b(u-v)}{u+v}, z = \dfrac{uv-1}{u+v}$ 是单页双曲面, 试分析此参数化下的坐标曲线有什么特殊性.

37. (猴鞍面) 函数 $f(x,y) = x^3 - 3xy^2$ 的图像称为猴鞍面, 分析原点是什么类型的点.

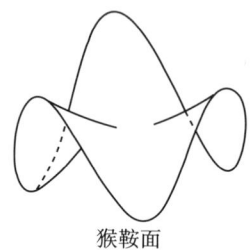

猴鞍面

38. 计算曲面 $z = x^3$ 的 Gauss 曲率.

39. 计算将 xy 平面上的曲线 $y = a\sin x, x \in (0,\pi)$ 绕 x 轴旋转一圈所得曲面的 Gauss 曲率.

40. 若将 xy 平面正的光滑函数 $y = f(x), x \in (a,b)$ 的图像绕 x 轴旋转一圈所得的旋转面 Gauss 曲率恒为零, 证明: f 必为线性函数.

41. (伪球面) 设 $\gamma(s) = (x(s),y(s))$ 为 xy 平面第一象限内以弧长为参数的曲线, 将其绕 x 轴旋转一圈所得曲面记为 S, 如果 S 的 Gauss 曲率恒为 -1, 试给出 $\gamma(s)$ 的具体表达式. 该曲面称为伪球面.

42. (Enneper 曲面) 计算参数曲面 $X(u,v) = \left(u - \dfrac{u^3}{3} + uv^2, v - \dfrac{v^3}{3} + vu^2, u^2 - v^2\right)$ 的平均曲率.

43. 计算螺旋面 $X(u,v) = (a\sinh u \cos v, a\sinh u \sin v, av)$ 的平均曲率.

44. (直纹面) 现有一族用 t 做参数的直线 $\{\alpha(t),\omega(t)\}$, 对于固定的 $t, \alpha(t)$ 表示直线上一点, $\omega(t)$ 表示直线的方向, 于是可以定义如下的参数曲面:

$$\mathbb{X}(t,v) = \alpha(t) + v\omega(t), \quad t,v \in \mathbb{R}.$$

这称为直纹面, 计算它的 Gauss 曲率.

45. 绕 z 轴旋转 $y-z$ 平面中的圆周 $(y-a)^2 + z^2 = r^2$ 一圈得到一个环面, 计算 $\int_S H^2 \mathrm{d}\sigma$ 并找到使 $\int_S H^2 \mathrm{d}\sigma$ 达到最小值的那个环面.

46. (渐近线和曲率线) 如果曲面上一条曲线 $\alpha(t)$, 满足其切向量总是渐近 (主曲率) 方向, 则称其为渐近线 (曲率线). 在局部参数下, 设曲线 $\alpha(t) = \mathbb{X}(u(t),v(t))$, 证明:

(1) α 是渐近线, 当且仅当

$$e(u')^2 + 2fu'v' + g(v')^2 = 0.$$

(2) α 是曲率线, 当且仅当
$$(fE - eF)(u')^2 + (gE - eG)u'v' + (gF - fG)(v')^2 = 0.$$

47. 一个曲面 S 在 p 点局部凸, 是指曲面在 p 点附近完全落在 T_pS 的一侧. 若曲面 S 在 p 点局部凸, 证明: $K(p) \geqslant 0$. 反之若 $K(p) = 0$, 则并不能说明 S 在 p 是局部凸的, 如图像 $f(x,y) = x^3(1+y^2)$ 的 Gauss 曲率在 $(0,0)$ 处为零, 但在 $(0,0)$ 处不是局部凸的.

48. (曲面比较原理) 证明: 任一紧致无边正则光滑曲面一定存在椭圆点.

49. (平行曲面) 设 $\mathbb{X}(u,v)$ 是一个正则参数曲面, 记 $n(u,v)$ 为其上的一个单位法向量场,
$$\mathbb{Y}(u,v) = \mathbb{X}(u,v) + an(u,v)$$
被称为距离为 a 的平行曲面, 证明: 在 $\mathbb{Y}$ 的正则点处, Gauss 曲率和平均曲率分别为
$$K = \frac{K_X}{1 - 2aH_X + K_X a^2}, \quad H = \frac{H_X - K_X a}{1 - 2aH_X + K_X a^2}.$$

50. (梯度) 设 f 为光滑曲面 S 上的光滑函数, f 在 p 点的梯度定义为一个切向量 $\mathrm{grad}(f) \in T_pS$, 满足
$$\mathrm{grad}(f) \cdot v = v(f), \quad \forall v \in T_pS.$$
在局部参数化下, 计第一基本形式的系数为 E, F, G, 证明:
$$\mathrm{grad}(f) = \frac{f_u G - f_v F}{EG - F^2} \mathbb{X}_u + \frac{f_v E - f_u F}{EG - F^2} \mathbb{X}_v.$$

51. (Hessian) 设 f 为光滑曲面 S 上的光滑函数, 如果 $\mathrm{grad}(f)(p) = 0$, 对于给定的 $w \in T_pS$, 选取 $\alpha : (-\varepsilon, \varepsilon) \to S$, 满足 $\alpha(0) = p, \alpha'(0) = w$, 并定义
$$\mathrm{Hess}(f)_p(w) = \frac{\mathrm{d}^2 f \circ \alpha}{\mathrm{d}t^2}\bigg|_{t=0}.$$

(1) 证明: 该定义和 α 的选取无关, $\mathrm{Hess}(f)_p$ 实际上给出了 T_pS 上的一个二次型.

(2) 如果 $\mathrm{grad}(f)(p) = 0$, 称 p 为 f 的临界点. 如果 $\mathrm{Hess}(f)_p$ 是非退化的二次型, 则称 p 为 f 的一个非退化临界点. 对于给定的光滑曲面 S, 可以考虑其关于某单位方向 v 的高度函数, $h_v(p) := p \cdot v, p \in S$. 证明: p 是 h_v 的非退化临界点当且仅当 $K(p) \neq 0$.

52. 设 $S \subset \mathbb{R}^3$ 为一正则光滑闭凸曲面, 如果对任意 $d > 0$, S 被两间距为 d 的平行平面所截得表面积为 $2\pi d$, 证明: S 同构于单位球面.

53. 补充证明 Fenchel 定理中 $\kappa(x)$ 有零点的情况; 试构造一个纽结其全区率任意接近 4π.

# 第二章

曲面内蕴几何学

> 我们用逻辑来证明, 却凭直觉去发现. 懂得批判固然重要, 但学会创造更为可贵.
>
> ——H. Poincaré

1818 年至 1826 年间, Gauss 主持了汉诺威公国的大地测量工作. 他在 1827 年发表了《关于曲面的一般研究》, 该文成为古典微分几何的经典文献. 文中包含了他称之为绝妙的定理, 以及 Gauss-Bonnet 公式 (测地三角版本). 那个时候的测地工作非常辛苦, 需要长距离旅行, 美妙的数学思想就在颠簸的马背上应运而生. 曾有一版德国十马克的纸币就是纪念 Gauss 的, 背面是他测地工作的生动写照: 他发明的回光测量仪, 以及测地工作实际采用的三角剖分路线图.

Gauss 绝妙定理在古典微分几何学的研究中具有里程碑意义, 它开启了微分几何研究模式从外蕴走向内蕴的大门. 本章就以 Gauss 绝妙定理开篇, 发展曲面内蕴几何学.

2.1 Gauss 绝妙定理

本节我们介绍 Gauss 的绝妙发现, 也许读者会觉得其证明过程平平无奇.

设 S 为一正则光滑可定向曲面, N 为其上一个选定的单位法向量场. 设 $\mathbb{X}: U \to S$ 为一局部参数化, 那么 $\{\mathbb{X}_u, \mathbb{X}_v, N\}$ 在每点构成了 $\mathbb{R}^3$ 的一组基, 像 Frenet 标架那样, 对 $\mathbb{X}_u, \mathbb{X}_v, N$ 分别求偏导, 并将所得分别表为 $\{\mathbb{X}_u, \mathbb{X}_v, N\}$ 的线性组合, 可得

$$\begin{cases} \mathbb{X}_{uu} = \Gamma_{11}^1 \mathbb{X}_u + \Gamma_{11}^2 \mathbb{X}_v + eN, \\ \mathbb{X}_{uv} = \Gamma_{12}^1 \mathbb{X}_u + \Gamma_{12}^2 \mathbb{X}_v + fN, \\ \mathbb{X}_{vu} = \Gamma_{21}^1 \mathbb{X}_u + \Gamma_{21}^2 \mathbb{X}_v + fN, \\ \mathbb{X}_{vv} = \Gamma_{22}^1 \mathbb{X}_u + \Gamma_{22}^2 \mathbb{X}_v + gN, \\ N_u = a\mathbb{X}_u + b\mathbb{X}_v, \\ N_v = c\mathbb{X}_u + d\mathbb{X}_v. \end{cases} \qquad (2.1)$$

我们称上述六个方程为**曲面基本结构方程**. 前四式的最后一个分量是通过分别和 N 内积后得到的, 即为第二基本形式的系数 (e,f,g). 剩下两类系数, 对 (a,b,c,d), 回忆 (1.7) 式知

$$\begin{pmatrix} a & b \\ c & d \end{pmatrix} = - \begin{pmatrix} e & f \\ f & g \end{pmatrix} \cdot \begin{pmatrix} E & F \\ F & G \end{pmatrix}^{-1}.$$

另一类系数 Γ_{ij}^k, $i,j,k=1,2$, 被称为 **Christoffel 符号**, 可以按如下方式计算: 方程组 (2.1) 的第一式分别和 $\mathbb{X}_u, \mathbb{X}_v$ 内积得

$$\begin{cases} E\Gamma_{11}^1 + F\Gamma_{11}^2 = \dfrac{1}{2}E_u, \\ F\Gamma_{11}^1 + G\Gamma_{11}^2 = F_u - \dfrac{1}{2}E_v. \end{cases} \tag{2.2}$$

从这个线性方程组中, 可以解得 $\Gamma_{11}^1, \Gamma_{11}^2$. 类似地, 有

$$\begin{cases} E\Gamma_{12}^1 + F\Gamma_{12}^2 = \dfrac{1}{2}E_v, \\ F\Gamma_{12}^1 + G\Gamma_{12}^2 = \dfrac{1}{2}G_u; \end{cases} \tag{2.3}$$

$$\begin{cases} E\Gamma_{22}^1 + F\Gamma_{22}^2 = F_v - \dfrac{1}{2}G_u, \\ F\Gamma_{22}^1 + G\Gamma_{22}^2 = \dfrac{1}{2}G_v. \end{cases} \tag{2.4}$$

这样我们发现:

命题 2.1 Christoffel 符号 Γ_{ij}^k 由第一基本形式的系数 E,F,G 及其他们的一阶导数决定.

例题 2.1 (旋转面的 Christoffel 符号) 将 yz 平面内曲线 $(f(v),g(v))$ 绕 z 轴旋转一圈所得的旋转面记为 S, 不妨假设 v 为旋转母线的弧长参数. 则 S 有如下参数化:

$$\mathbb{X}(u,v) = (f(v)\cos u, f(v)\sin u, g(v)), \quad f(v) \neq 0.$$

这样

$$E = (f(v))^2, \quad F = 0, \quad G = (f'(v))^2 + (g'(v))^2 = 1.$$

于是

$$E_u = 0, \quad E_v = 2ff',$$

$$F_u = F_v = 0, \quad G_u = G_v = 0.$$

从方程组 (2.2) 中解得

$$\Gamma_{11}^1 = 0, \quad \Gamma_{11}^2 = -ff'.$$

从方程组 (2.3) 中解得

$$\Gamma_{12}^1 = \frac{f'}{f}, \quad \Gamma_{12}^2 = 0.$$

从方程组 (2.4) 中解得

$$\Gamma_{22}^1 = 0, \quad \Gamma_{22}^2 = f'f'' + g'g''.$$

从结构方程中我们还能得到什么呢? Gauss 做了一件看似平凡的事情: 求导.

因为局部参数化是光滑映射, 所以高阶偏导次序可交换, 从而

$$\mathbb{X}_{uvu} = \mathbb{X}_{uuv}, \quad \mathbb{X}_{uvv} = \mathbb{X}_{vvu}, \quad N_{uv} = N_{vu}.$$

在上面的求导化简中, 不断利用结构方程将相关向量表为 $\{\mathbb{X}_u, \mathbb{X}_v, N\}$ 的线性组合, 最后可得三个形如

$$A_i \mathbb{X}_u + B_i \mathbb{X}_v + C_i N = 0$$

的恒等式, 从而有 $A_i = B_i = C_i = 0$.

例如, 从 $\mathbb{X}_{uvu} = \mathbb{X}_{uuv}$ 一式中, $\mathbb{X}_v$ 的系数为零就给出

$$\Gamma_{11}^1 \Gamma_{12}^2 + \Gamma_{11}^2 \Gamma_{22}^2 + ed + (\Gamma_{11}^2)_v = \Gamma_{12}^1 \Gamma_{11}^2 + \Gamma_{12}^2 \Gamma_{12}^2 + fc + (\Gamma_{12}^2)_u.$$

将 (a, b, c, d) 之值代入, 可得

$$(\Gamma_{12}^2)_u - (\Gamma_{11}^2)_v + \Gamma_{12}^1 \Gamma_{11}^2 + \Gamma_{12}^2 \Gamma_{12}^2 - \Gamma_{11}^2 \Gamma_{22}^2 - \Gamma_{11}^1 \Gamma_{12}^2 = -E \frac{eg - f^2}{EG - F^2} = -EK. \tag{2.5}$$

上式称为 **Gauss 方程**, 结合命题 2.1, Gauss 方程给我们的一个重要启示是:

定理 2.1 (Gauss 绝妙定理) Gauss 曲率 K 可只用第一基本形式系数计算而得.

读者回想一下第一章里对 Gauss 曲率定义, 其实颇费周折, 首先要牵涉到曲面的可定向与否, 然后通过 Gauss 映射的微分来定义. 现在从 Gauss 方程的角度, 为了得到 Gauss 曲率, 只需要了解第一基本形式, 也就是曲面各点切空间上的内积. 从某种角度来说, Gauss 实现了 "切平面的变化率" 这一说法. 我们将这种只关乎第一基本形式的几何学称为内蕴几何学.

将得到 Gauss 方程的做法再过一遍, 还会得到另外两个方程, 称为 **Codazzi 方程**:

$$\begin{cases} e_v - f_u = e\Gamma_{12}^1 + f(\Gamma_{12}^2 - \Gamma_{11}^1) - g\Gamma_{11}^2, \\ f_v - g_u = e\Gamma_{22}^1 + f(\Gamma_{22}^2 - \Gamma_{12}^1) - g\Gamma_{12}^2. \end{cases} \tag{2.6}$$

本质上说, Gauss 方程和 Codazzi 方程可以认为是三维空间中曲面第一基本形式系数和第二基本形式系数必须满足的一种兼容性条件.

下面的曲面存在基本定理就体现了这两个兼容性条件在局部其实也是充分的. 定理的证明依赖偏微分方程组解的局部存在唯一性, 证明从略.

定理 2.2(Bonnet)　给定开集 $\Omega \subset \mathbb{R}^2$ 上的光滑函数 E,F,G,e,f,g, 如果它们满足:

(1) $E,G > 0$;

(2) $EG - F^2 > 0$,

以及 Gauss 方程、Codazzi 方程, 那么对 $\forall p \in \Omega$, 存在其邻域 $V_p \in \Omega$, 以及光滑映射 $\mathbb{X}: V_p \to \mathbb{R}^3$, 使得 $S = \mathbb{X}(V_p)$ 为一正则光滑参数曲面, 分别以 $(E,F,G),(e,f,g)$ 为此参数化下第一基本形式和第二基本形式的系数, 并且这样的参数曲面在相差一个刚体运动下是唯一的.

例题 2.2(坐标曲线为曲率线的 Codazzi 方程)　如果曲面 S 的一个局部参数化 $\mathbb{X}$ 满足其坐标曲线就是曲率线 (这样的参数化在非全脐点附近总是存在的, 见附录 A.4), 那么其 Codazzi 方程可以化简为

$$\begin{cases} e_v = \dfrac{E_v}{2}\left(\dfrac{e}{E} + \dfrac{g}{G}\right), \\ g_u = \dfrac{G_u}{2}\left(\dfrac{e}{E} + \dfrac{g}{G}\right). \end{cases}$$

我们之后会用到这个结果, 证明方法就是在方程组 (2.6) 中算一下 Christoffel 符号, 具体过程留给读者.

Gauss 绝妙定理背后看似平凡的计算, 给我们一个深刻的观念上的启示: 通过第一基本形式就能本质地体现曲面自身的 "弯曲". 正如平面和柱面那样, 尽管它们在三维空间中的面貌大相径庭, 但是他们 Gauss 曲率都恒为零. 从直观上柱面可以完全展开摊平, 所以只依赖于第一基本形式的几何量在这两个曲面上的研究是一回事. 由此我们开启了内蕴几何的研究. 本节中, 我们先将柱面可以摊平这个事实, 用曲面等距同构的语言说清楚, 在后续的章节中, 我们开始发展内蕴几何的重要概念: 协变导数, 平行移动, 测地线等.

定义 2.1(微分同胚)　设 S_1, S_2 为两个正则光滑曲面, 如果光滑映射 $f: S_1 \to S_2$ 既单又满, 且其逆映射也是光滑的, 则称 f 为**微分同胚**.

定义 2.2(等距同构)　$f: S_1 \to S_2$ 如果保持切空间的内积, 即 $\forall p \in S_1, \forall v, w \in T_p S_1, q = f(p) \in S_2$, 若有

$$(v,w)_{T_p S_1} = ((\mathrm{d}f)_p(v), (\mathrm{d}f)_p(w))_{T_q S_2},$$

则称 f 是一个**局部等距**. 如果 f 还是微分同胚, 那么 f 被称为一个**等距同构**. 如果两个曲面 S_1, S_2 之间存在等距同构映射, 就称它们是等距同构的. 如果对任意 $p \in S_1$, 存在其邻域 U, 以及一个等距同构映射 $f: U \to V \subset S_2$, 就称 S_1, S_2 为**局部等距**的.

例题 2.3　设 S_1, S_2 为两个正则光滑曲面. 如果在其上存在参数化 $(U, \mathbb{X}_1), (U, \mathbb{X}_2)$,

使得相应的第一基本形式系数相同, 即 $E = \widetilde{E}, F = \widetilde{F}, G = \widetilde{G}$, 则

$$\mathbb{X}_2 \circ \mathbb{X}_1^{-1} : \mathbb{X}_1(U) \to \mathbb{X}_2(U)$$

是一个等距同构.

解 不失一般性, 假设 $0 \in U, \mathbb{X}_1(0) = p$. $\forall w_1, w_2 \in T_p S_1$, 可以选取 $\mathbb{X}_1(u_1(t), v_1(t))$ 以及 $\mathbb{X}_1(u_2(t), v_2(t))$, 使得

$$w_1 = \partial_u \mathbb{X}_1 \, u_1'(0) + \partial_v \mathbb{X}_1 \, v_1'(0),$$

$$w_2 = \partial_u \mathbb{X}_1 \, u_2'(0) + \partial_v \mathbb{X}_1 \, v_2'(0).$$

这样根据切映射的定义, 有

$$(\mathrm{d}f)_p(w_1) = \mathbb{X}_2(u_1(t), v_1(t))'|_{t=0} = \partial_u \mathbb{X}_2 \, u_1'(0) + \partial_v \mathbb{X}_2 \, v_1'(0),$$

$$(\mathrm{d}f)_p(w_2) = \mathbb{X}_2(u_2(t), v_2(t))'|_{t=0} = \partial_u \mathbb{X}_2 \, u_2'(0) + \partial_v \mathbb{X}_2 \, v_2'(0).$$

由 $E = \widetilde{E}, F = \widetilde{F}, G = \widetilde{G}$ 知 $(w_1, w_2) = ((\mathrm{d}f)_p(w_1), (\mathrm{d}f)_p(w_2))$. 类似的论断在任意点成立.

例题 2.4 (悬链面局部等距于螺旋面) 考虑悬链面 S_1 (如下图), 其有如下的一个参数化:

$$\mathbb{X}(u, v) = (a \cosh v \cos u, a \cosh v \sin u, av),$$

$$0 < u < 2\pi, \quad -\infty < v < \infty.$$

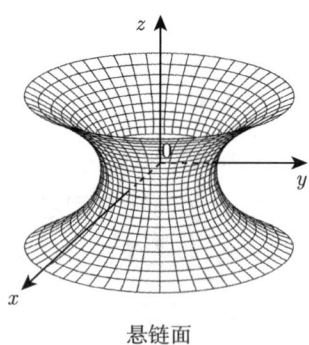

悬链面

此参数化下的第一基本形式系数为

$$E = a^2 \cosh^2 v, \quad F = 0, \quad G = a^2 \left(1 + \sinh^2 v\right) = a^2 \cosh^2 v.$$

考虑螺旋面 S_2 (如下图), 其有参数化

$$\overline{\mathbb{X}}(\bar{u}, \bar{v}) = (\bar{v} \cos \bar{u}, \bar{v} \sin \bar{u}, a\bar{u}), \quad 0 < \bar{u} < 2\pi, -\infty < \bar{v} < \infty.$$

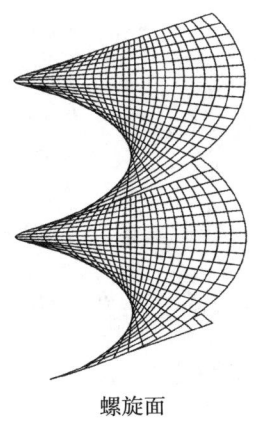

螺旋面

考虑如下的坐标变换

$$\bar{u} = u, \quad \bar{v} = a\sinh v, \quad 0 < u < 2\pi, -\infty < v < \infty.$$

直接计算知该变换的 Jacobi 行列式处处非零, 从而可以得到螺旋面一个新的参数化:

$$\overline{\mathbb{X}}(u, v) = (a\sinh v \cos u, a\sinh v \sin u, au).$$

在此参数化下, 我们发现第一基本形式的系数

$$E = a^2 \cosh^2 v, \quad F = 0, \quad G = a^2 \cosh^2 v.$$

所以悬链面和螺旋面局部等距.

例题 2.5(锥面局部等距于平面) 锥面是指下述函数的图像:

$$z = k\sqrt{x^2 + y^2}, \quad (x, y) \neq (0, 0).$$

为保证光滑性, 我们去掉了原点.

读者当然知道锥面沿母线剪开可以摊平成平面. 这个操作在数学上就是局部等距的意思. 为实现这个局部等距, 我们使用平面上的极坐标来作参数.

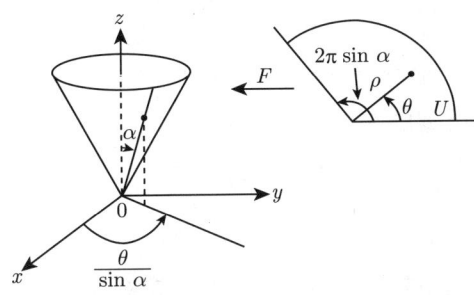

设 U 为平面中极坐标为

$$0 < \rho < \infty, \quad 0 < \theta < 2\pi\sin\alpha$$

对应的开集, 这里 $\cot \alpha = k$ 由锥的张角决定.

考虑锥的一个参数化:
$$\mathbb{X}(\rho, \theta) = \left(\rho \sin \alpha \cos\left(\frac{\theta}{\sin \alpha}\right), \rho \sin \alpha \sin\left(\frac{\theta}{\sin \alpha}\right), \rho \cos \alpha\right).$$

易知 $\mathbb{X}$ 像集就是锥去掉一条母线, 在此参数化下第一基本形式的系数为
$$E = 1, \quad F = 0, \quad G = \rho^2.$$

而平面有一个显然的用极坐标的参数化:
$$\overline{\mathbb{X}}(\rho, \theta) = (\rho \cos \theta, \rho \sin \theta, 0),$$

在此参数化下第一基本形式的系数也是
$$\bar{E} = 1, \quad \bar{F} = 0, \quad \bar{G} = \rho^2,$$

所以两者是局部等距的.

2.2 协变导数、平行移动

从本节开始, 我们开始进一步发展只依赖于第一基本形式的几何概念. 我们讨论的范式是先在三维空间做相关定义, 然后验证其本质上是只依赖于第一基本形式, 所以是内蕴的.

定义 2.3 (向量场沿曲线的协变导数) 设 $\alpha(t)$ 是曲面 S 上的正则曲线, $w(t)$ 为沿 α 的向量场, 即 $w(t) \in T_{\alpha(t)}S, \forall t$. $w(t)$ 沿 α 的**协变导数**定义为
$$\frac{\mathrm{D}w}{\mathrm{d}t} = (w'(t))^{\mathrm{T}},$$

这里 $(\cdot)^{\mathrm{T}}$ 表示向量关于切平面的切向分量.

命题 2.2 $\dfrac{\mathrm{D}w}{\mathrm{d}t}$ 是内蕴的.

证明 在局部参数化 $\mathbb{X}$ 下我们假设 $\alpha(t) = \mathbb{X}(u(t), v(t))$, $w(t) = a(t)\mathbb{X}_u(u(t), v(t)) + b(t)\mathbb{X}_v(u(t), v(t))$. 因此
$$\begin{aligned}
\frac{\mathrm{D}w}{\mathrm{d}t} &= (a'\mathbb{X}_u + a\mathbb{X}_{uu}u' + a\mathbb{X}_{uv}v')^{\mathrm{T}} + (b'\mathbb{X}_v + b\mathbb{X}_{vu}u' + b\mathbb{X}_{vv}v')^{\mathrm{T}} \\
&= (a' + a\Gamma_{11}^1 u' + a\Gamma_{12}^1 v' + b\Gamma_{12}^1 u' + b\Gamma_{22}^1 v')\mathbb{X}_u \\
&\quad + (b' + a\Gamma_{11}^2 u' + a\Gamma_{12}^2 v' + b\Gamma_{12}^2 u' + b\Gamma_{22}^2 v')\mathbb{X}_v.
\end{aligned} \tag{2.7}$$

尽管协变导数的定义用到了外围空间投影的概念, 一旦我们在局部参数化下用上式右端作定义, 就发现其只依赖于第一基本形式. 当然因为这个定义用到了局部参数化, 我们还需验证这个定义和局部参数化的选取无关, 这是一个很好的认识协变导数的练习, 留给读者.

定义 2.4 (平行) 如果向量场 $w(t)$ 沿着 $\alpha(t)$ 满足 $\dfrac{\mathrm{D}w}{\mathrm{d}t} \equiv 0$, 就称 $w(t)$ 沿着 $\alpha(t)$ 平行.

命题 2.3 设 $\alpha: [t_0, t_1] \to S$ 为 S 上一正则光滑曲线, 对任意 $w_0 \in T_{\alpha(t_0)}S$, 存在一个唯一的平行向量场 $w(t), t \in [t_0, t_1]$ 满足 $w(t_0) = w_0$.

证明 不妨设 α 落在一个参数化 $\mathbb{X}$ 内, 并假定 $w_0 = a_0 \mathbb{X}_u + b_0 \mathbb{X}_v$. 根据 (2.7) 式, $w(t) = a(t)\mathbb{X}_u + b(t)\mathbb{X}_v$ 沿着 $\alpha(t)$ 平行当且仅当 $(a(t), b(t))$ 满足常微分方程组

$$\begin{cases} a'(t) + a(t)\Gamma_{11}^1 u'(t) + a(t)\Gamma_{12}^1 v'(t) + b(t)\Gamma_{12}^1 u'(t) + b(t)\Gamma_{22}^1 v'(t) = 0, \\ b'(t) + a(t)\Gamma_{11}^2 u'(t) + a(t)\Gamma_{12}^2 v'(t) + b(t)\Gamma_{12}^2 u'(t) + b(t)\Gamma_{22}^2 v'(t) = 0. \end{cases} \quad (2.8)$$

根据一阶线性常微分方程组的定性理论, 满足初值 $a(0) = a_0, b(0) = b_0$ 的解存在唯一.

定义 2.5 (平行移动) 根据上述命题, 称 $w(t_1)$ 为向量 $w(t_0)$ 沿着 α 从 $\alpha(t_0)$ 到 $\alpha(t_1)$ 的**平行移动**.

例题 2.6 (平面中的平行移动) 设 S 为 xy 平面, 那么 $E \equiv 1, F \equiv 0, G \equiv 1$, 立知 $\Gamma_{ij}^k = 0$. 假设 $\alpha(t) = (u(t), v(t))$ 为一正则光滑曲线, $w(t) = a(t)\partial_x + b(t)\partial_y$ 为沿着 $\alpha(t)$ 为沿着 $\alpha(t)$ 的平行向量场, 则根据方程组 (2.8) 有

$$\begin{cases} a'(t) = 0, \\ b'(t) = 0. \end{cases}$$

所以初值为 $w_0 = (a_0, b_0)$ 的平行向量场就是 $w(t) \equiv (a_0, b_0)$. 这就是我们熟知的平面上平行的概念.

关于平行移动有一个**关键观察**: 如果两个曲面 S_1 和 S_2 沿着曲线 α 相切, 亦即 $T_{\alpha(t)}S_1 = T_{\alpha(t)}S_2, \forall t$. 设 $w(t)$ 为沿着 α 的向量场, 则

$$\left(\frac{\mathrm{D}w}{\mathrm{d}t}\right)^{S_1} = \left(\frac{\mathrm{D}w}{\mathrm{d}t}\right)^{S_2} = (w'(t))^{\mathrm{T}}.$$

也就是说, 沿着 α 的平行移动在 S_1 和 S_2 上是一样的.

例题 2.7 (沿着球面上纬线做平行移动) 单位球面上纬度为 α 的纬线上一点单位切向量 w_0 沿着该纬线平行移动一圈后与 w_0 所夹的角度为多少?

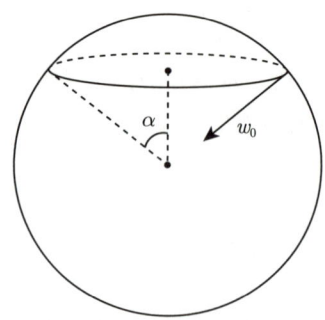

解 利用关键观察, 我们可在单位球面上加盖一个和球面相切于所给纬线的锥面 (如下图), 这样我们就可以在锥面上进行平行移动的操作. 由于平行移动是内蕴的, 所以在锥面上的平行移动可以通过将锥面沿母线的剪开化为在平面上的平行移动, 亦即画平行线, 也就是下图 w_1 所示. 简单的平面几何告诉我们 w_0 和 w_1 的夹角和锥面的展角相同, 为 $2\pi \cos \alpha$.

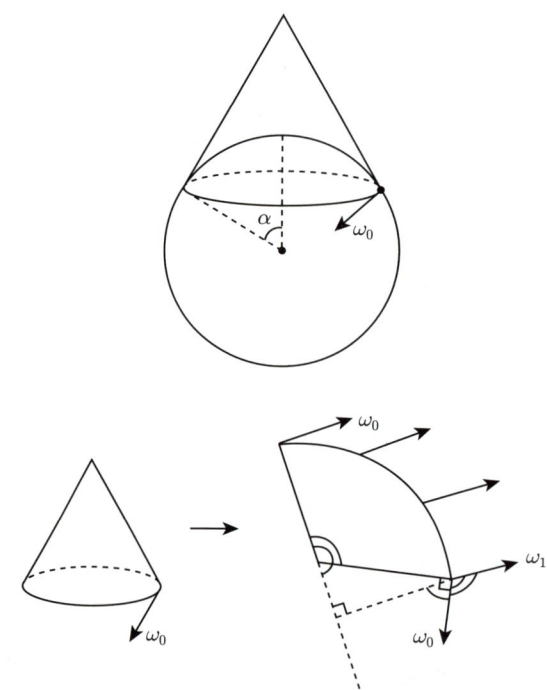

2.3 测地线

定义 2.6 (测地线) 如果 S 上一条正则光滑曲线 α 满足 $\dfrac{\mathrm{D}\alpha'(t)}{\mathrm{d}t} \equiv 0$, 就称之为**测地线**.

注 该定义实际上取决于 α 这个映射，也就是说同样轨迹的曲线，在某参数化下是测地线，可能在另一个参数化下不是测地线. 但我们仍然不加区别地称 α 的像集为测地线.

命题 2.4 若 α 为测地线, 则 $|\alpha'(t)| =$ 常数.

证明 注意到
$$\frac{\mathrm{d}}{\mathrm{d}t}|\alpha'(t)|^2 = 2\alpha''(t) \cdot \alpha'(t) = 2\frac{\mathrm{D}\alpha'(t)}{\mathrm{d}t} \cdot \alpha'(t) = 0,$$
命题得证.

在局部参数化下，假设 $\alpha(t) = \mathbb{X}(u(t), v(t))$，那么根据 (2.8) 式, 我们得到如下的测地线方程 (即用 u', v' 代替 a, b):

$$\begin{cases} u''(t) + \Gamma_{11}^1 u'(t)^2 + 2\Gamma_{12}^1 u'(t)v'(t) + \Gamma_{22}^1 v'(t)^2 = 0, \\ v''(t) + \Gamma_{11}^2 u'(t)^2 + 2\Gamma_{12}^2 u'(t)v'(t) + \Gamma_{22}^2 v'(t)^2 = 0. \end{cases} \tag{2.9}$$

方程组 (2.9) 是一个二阶非线性常微分方程组, 根据相关定性理论我们有如下的结论:

定理 2.3 (测地线的局部存在唯一性) $\forall p \in S$ 以及 $w \in T_p S$, 存在 $\varepsilon > 0$ 以及唯一的测地线 $\alpha : (-\varepsilon, \varepsilon) \to S$, 使得
$$\alpha(0) = p, \quad \alpha'(0) = w.$$

例题 2.8 (平面上的测地线) 由于 $\Gamma_{ij}^k \equiv 0$, 方程组 (2.9) 化为
$$\begin{cases} u''(t) = 0, \\ v''(t) = 0. \end{cases}$$

所以平面上的测地线就是直线.

例题 2.9 (单位球面 $\mathbb{S}^2(1)$ 上的测地线) 称过球心的平面和球面截得的曲线为**球面大圆**. 证明**球面上的测地线均为大圆弧**. 事实上, 给大圆弧一个弧长参数化, 由于大圆弧是平面曲线, 易知
$$\alpha''(t) \perp T_{\alpha(t)}\mathbb{S}^2.$$
于是有 $(\alpha'')^T = 0$. 又由于过球面上任一点和任一方向均存在唯一的大圆, 所以根据定理 2.3 关于测地线的局部唯一性, 球面上所有的测地线均为大圆弧.

例题 2.10 (旋转面上的测地线) 在 yz 平面右半侧, 有一条以弧长为参数的曲线 $(f(s), g(s))$, 将其绕 z 轴一圈所得的旋转面记为 S, 下面分析 S 上的经纬线何时为测地线.

解 首先给 S 一个参数化:
$$\mathbb{X}(\theta, s) = (\cos\theta f(s), \sin\theta f(s), g(s)).$$

在此参数化下第一基本形式系数为

$$E = \mathbb{X}_\theta \cdot \mathbb{X}_\theta = f^2(s), \quad F = \mathbb{X}_\theta \cdot \mathbb{X}_s = 0, \quad G = \mathbb{X}_s \cdot \mathbb{X}_s = 1.$$

根据例题 2.1, 我们有

$$\Gamma^1_{11} = 0, \ \Gamma^2_{11} = -ff', \ \Gamma^1_{12} = \frac{f'}{f}, \ \Gamma^2_{12} = 0, \ \Gamma^1_{22} = 0, \ \Gamma^2_{22} = 0.$$

所以方程组 (2.9) 就变成

$$\begin{cases} \theta''(t) + 2\dfrac{f'}{f}\theta'(t)s'(t) = 0, \\ s''(t) - ff'\theta'(t)^2 = 0. \end{cases}$$

观察到 $\theta(t) = $ 常数, $s(t) = at + b$ 就满足上述方程. 这种曲线称为旋转面上的经线 (母线).

再来考察何种纬线是测地线? 亦即 $s(t) = $ 常数 $= t_0$. 显然此时为满足测地线方程, 需有 $\theta''(t) = 0$, 且 $f'(s(t)) = f'(t_0) = 0$. 后者表明旋转半径需正好是 f 的临界值, 如局部最大值, 最小值处.

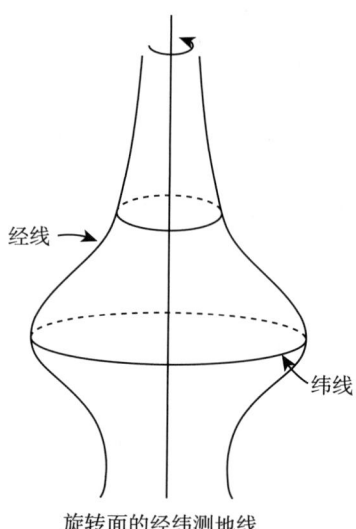

旋转面的经纬测地线

对于非测地线, 可以赋予测地曲率. 为此, 我们先简要说明

$$\frac{\mathrm{D}\alpha'}{\mathrm{d}s}(s) \ /\!/ \ N(\alpha(s)) \wedge \alpha'(s).$$

一方面, $(\alpha'')^\mathrm{T} \perp N(\alpha(s))$; 另一方面

$$|\alpha'(s)| \equiv 1 \Rightarrow (\alpha''(s)) \perp \alpha'(s) \Rightarrow ((\alpha''(s))^\mathrm{T} + (\alpha''(s))^\perp, \alpha'(s)) = 0$$
$$\Rightarrow ((\alpha''(s))^\mathrm{T}, \alpha'(s)) = 0.$$

所以 $\dfrac{\mathrm{D}\alpha'}{\mathrm{d}s}(s) \ /\!/ \ N(\alpha(s)) \wedge \alpha'(s).$

定义 2.7 (测地曲率) 设 $\alpha: I \to S$ 为 S 上一条以弧长为参数的正则光滑曲线，N 为 S 上一选定的单位法向量场，由于 $\dfrac{\mathrm{D}\alpha'}{\mathrm{d}s}(s) \mathbin{/\mkern-5mu/} N(\alpha(s)) \wedge \alpha'(s)$，可设 $\dfrac{\mathrm{D}\alpha'}{\mathrm{d}s}(s) = k_g(s)(N(\alpha(s)) \wedge \alpha'(s))$，称 k_g 为 α 的**测地曲率**.

我们回忆曲线的法曲率 $k_n = \alpha''(s) \cdot N(\alpha(s))$，根据勾股定理就有

命题 2.5 曲面上光滑正则曲线 α 的曲率、测地曲率、法曲率分别记为 κ, k_g, k_n，则有

$$\kappa^2 = k_g^2 + k_n^2,$$

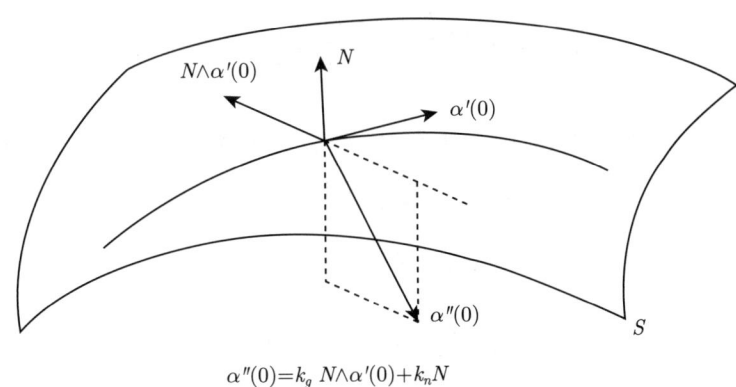

$\alpha''(0) = k_g\, N \wedge \alpha'(0) + k_n N$

例题 2.11 (测地曲率即为平面带符号曲率) 设 S 为 xy 平面，取单位法向量场为 $N = (0,0,1)$. 设 $\alpha(s) = (x(s), y(s), 0)$，那么

$$\frac{\mathrm{D}\alpha'(s)}{\mathrm{d}s} = \alpha''(s) = (x''(s), y''(s), 0).$$

而

$$N(\alpha(s)) \wedge \alpha'(s) = (0,0,1) \wedge (x'(s), y'(s), 0) = (-y'(s), x'(s), 0),$$

所以 $(x''(s), y''(s)) = k_g(-y', x')$. 由此知平面上的测地曲率即为带符号曲率.

对于平面曲线 $\alpha(s) = (x(s), y(s))$，其切向量 $(x'(s), y'(s))$ 可以表示成 $(\cos\theta(s), \sin\theta(s))$，其中 $\theta(s)$ 是一个可微函数，正好代表切向量和 x 正半轴夹角. 这样

$$(x''(s), y''(s)) = (-\sin(\theta(s))\theta'(s), \cos(\theta(s))\theta'(s)).$$

也就是说带符号曲率 $k(s) = \theta'(s)$.

下面我们要把这个做法搬到一般曲面上来导出一个用曲线切向量和参数坐标曲线夹角的变化率来表示的测地曲率计算公式. 为此我们先回到协变导数, 给其一个量化的衡量.

定义 2.8 (协变导数代数值) 设 $\alpha: I \to S$ 为 S 上一条以弧长为参数的正则光滑曲线, $w(s)$ 为沿着 α 的一个单位向量场, 由于 $\dfrac{Dw}{ds}\ /\!/\ N(\alpha(s)) \wedge w(s)$. 可设 $\dfrac{Dw}{ds}(s) = \lambda(s)(N(\alpha(s)) \wedge w(s))$, 称 $\lambda(s)$ 为**协变导数的代数值**, 记为 $\left[\dfrac{Dw}{ds}\right]$.

注 根据定义, 测地曲率就是单位切向量场 $\alpha'(s)$ 的协变导数代数值.

引理 2.1 设 $v(s)$ 和 $w(s)$ 为两个沿着 $\alpha(s)$ 的单位向量场, $\varphi(s)$ 是一个衡量从 $v(s)$ 到 $w(s)$ 夹角的可微函数, 则

$$\left[\frac{Dw}{ds}\right] - \left[\frac{Dv}{ds}\right] = \frac{d\varphi}{ds}. \tag{2.10}$$

注 所谓"从 $v(s)$ 到 $w(s)$ 的夹角"指的是从法方向看切平面从 $v(s)$ 到 $w(s)$ 是逆时针走向的那个夹角.

证明 因为 $v(s) \cdot w(s) = \cos\varphi(s)$, 所以

$$v'(s) \cdot w(s) + v(s) \cdot w'(s) = -\sin(\varphi(s))\varphi'(s).$$

$v(s), w(s)$ 和 $v'(s), w'(s)$ 的法向分量的内积自动为零, 上式可化为

$$\frac{Dv}{ds} \cdot w(s) + v(s) \cdot \frac{Dw}{ds} = -\sin(\varphi(s))\varphi'(s),$$

于是

$$\left[\frac{Dv}{ds}\right] N \wedge v \cdot w(s) + v(s) \cdot \left[\frac{Dw}{ds}\right] N \wedge v = -\sin(\varphi(s))\varphi'(s).$$

由于

$$N \wedge v \cdot w = \sin\varphi, \quad w \cdot N \wedge v = -\sin\varphi,$$

代入上式整理得

$$\left(\left[\frac{Dw}{ds}\right] - \left[\frac{Dv}{ds}\right]\right)\sin(\varphi(s)) = \frac{d\varphi}{ds}\sin(\varphi(s)).$$

如果 $\sin(\varphi(s_0)) \neq 0$, (2.10) 式得证. 如果 $\sin(\varphi(s_0)) = 0$, 那么有两种可能性: 一是在 s_0 的一个邻域内 $\sin(\varphi(s))$ 恒为零, 那么 (2.10) 式也自动成立; 二是有一列 $s_n \to s_0$ 满足 $\sin(\varphi(s_n)) \neq 0$, 那么根据连续性, (2.10) 式在 s_0 处也还是成立的.

引理 2.1 的一个推论就是在给定曲线 α 上选一个平行向量场 v, 用 $\varphi(s)$ 表示一个衡量从 v 到 $\alpha(s)$ 夹角的可微函数, 那么 α 的测地曲率即为

$$k_g(s) = \left[\frac{D\alpha'(s)}{ds}\right] = \frac{d\varphi(s)}{ds}.$$

命题 2.6 设 $\mathbb{X}(u,v)$ 是一个正交局部参数化 ($F \equiv 0$), 法向量取成 $\mathbb{X}_u \wedge \mathbb{X}_v$ 方向, $w(s)$ 是沿着曲线 $\mathbb{X}(u(s), v(s))$ 的单位向量场, 设 $\varphi(s)$ 是一个衡量从 $\mathbb{X}_u$ 到 $w(s)$ 夹角的可微函数, 则

$$\left[\frac{\mathrm{D}w}{\mathrm{d}s}\right] = \frac{1}{2}\frac{1}{\sqrt{EG}}\left(G_u \frac{\mathrm{d}v}{\mathrm{d}s} - E_v \frac{\mathrm{d}u}{\mathrm{d}s}\right) + \frac{\mathrm{d}\varphi}{\mathrm{d}s}. \tag{2.11}$$

证明 注意到 $e_1 = \dfrac{\mathbb{X}_u}{\sqrt{E}}$, $e_2 = \dfrac{\mathbb{X}_v}{\sqrt{G}}$ 为单位正交向量场, 记它们在 $\mathbb{X}(u(s), v(s))$ 的限制为 $e_1(s), e_2(s)$. 此外 $e_1 \wedge e_2 = N$. 根据引理 2.1,

$$\left[\frac{\mathrm{D}w}{\mathrm{d}s}\right] = \left[\frac{\mathrm{D}e_1}{\mathrm{d}s}\right] + \frac{\mathrm{d}\varphi}{\mathrm{d}s}.$$

而根据定义

$$\left[\frac{\mathrm{D}e_1}{\mathrm{d}s}\right] = e_1'(s) \cdot N \wedge e_1(s) = e_1'(s) \cdot e_2(s) = (e_1)_u \cdot e_2 \frac{\mathrm{d}u}{\mathrm{d}s} + (e_1)_v \cdot e_2 \frac{\mathrm{d}v}{\mathrm{d}t}.$$

注意到 $F \equiv 0$, 所以

$$(e_1)_u \cdot e_2 = \left(\frac{\mathbb{X}_u}{\sqrt{E}}\right)_u \cdot \frac{\mathbb{X}_v}{\sqrt{G}} = -\frac{1}{2}\frac{E_v}{\sqrt{EG}}.$$

类似有

$$(e_1)_v \cdot e_2 = \frac{1}{2}\frac{G_u}{\sqrt{EG}}.$$

综上可得 (2.11) 式.

2.4 Gauss-Bonnet 公式

本节我们将介绍微分几何的一个标志性整体结果: Gauss-Bonnet 公式. 它揭示了曲率的积分和曲面整体拓扑之间的深刻联系. 我们先证明小三角版本, 然后利用曲面的三角剖分, 用组合的方式合成一个整体版本.

我们说的小三角形 R 设定如下:

- R 为正则光滑曲面 S 上落在某个等温局部参数化 ($E = G = \lambda > 0, F \equiv 0$, 参见附录 A.4) $\mathbb{X}: \Omega \to S$ 内的区域.
- 边界 $\partial R = \bigcup\limits_{i=1}^{3} \gamma_i$: 由三条正则光滑曲线 (以弧长为参数) 构成, 它们的定向为正定向 (约定 N 和 $\mathbb{X}_u \wedge \mathbb{X}_v$ 同向, $\mathbb{X}^{-1}(\partial R)$ 为逆时针走向),

- $\alpha \in [-\pi, \pi]$ 为三个外角. 设 $\gamma_1(s) = \gamma_2(s)$ 为一个角点，我们以此为例解释 α 的取值：

情况一：$\gamma_1'(s) \neq -\gamma_2'(s)$，则 α 即为从 $\gamma_1'(s)$ 到 $\gamma_2'(s)$ 的夹角，且取值于 $(-\pi, \pi)$.

情况二：$\gamma_1'(s) = -\gamma_2'(s)$，此时需要根据以下情况判断 α 取 π 还是 $-\pi$. 记 $\beta_i = \mathbb{X}^{-1}(\gamma_i)$，选很小的 ε，如果 $\{\beta_1'(s-\varepsilon), \beta_2'(s+\varepsilon), (0,0,1)\}$ 为右手系，则 $\alpha = \pi$；$\{\beta_1'(s-\varepsilon), \beta_2'(s+\varepsilon), (0,0,1)\}$ 为左手系，则 $\alpha = -\pi$.

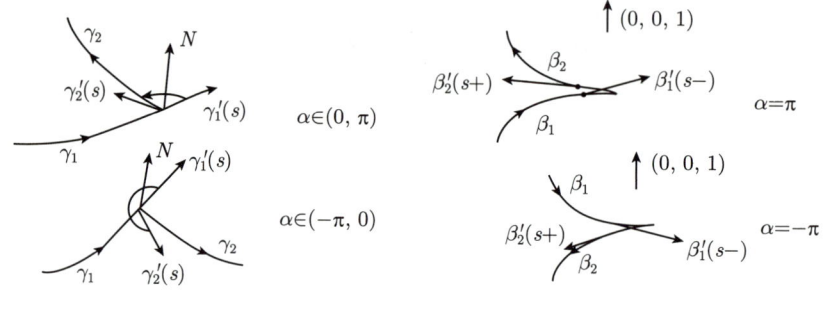

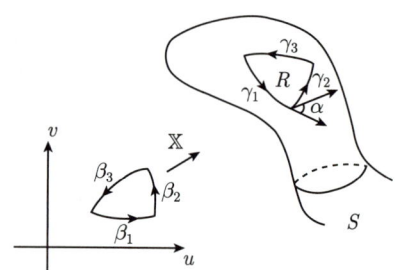

定理 2.4 [Gauss-Bonnet 公式 (小三角版本)]　在如上所示的三角形区域 R，我们有

$$\iint_R K \mathrm{d}\sigma + \sum_{i=1}^3 \int_{\gamma_i} k_g(s) \mathrm{d}s + \sum_{i=1}^3 \alpha_i = 2\pi. \tag{2.12}$$

证明　首先在等温参数化下，Gauss 曲率为

$$K = -\frac{1}{2\lambda} \Delta \ln \lambda$$

(见本章习题 20). 所以

$$\iint_R K \mathrm{d}\sigma = \iint_{\mathbb{X}^{-1}(R)} -\frac{1}{2} \Delta \ln \lambda \mathrm{d}u \mathrm{d}v.$$

根据命题 2.6，边界曲线 γ_i $(i=1,2,3)$ 上每段测地曲率为

$$k_g = \frac{1}{2\lambda}\left(\lambda_u \frac{\mathrm{d}v}{\mathrm{d}s} - \lambda_v \frac{\mathrm{d}u}{\mathrm{d}s}\right) + \frac{\mathrm{d}\varphi_i}{\mathrm{d}s},$$

其中 φ_i 就是衡量 $\mathbb{X}_u$ 到 $\gamma_i'(s)$ 夹角的一个可微函数.

根据 Green 公式有

$$\int_{\partial(\mathbb{X}^{-1}(R))} \frac{1}{2\lambda}\left(\lambda_u \frac{\mathrm{d}v}{\mathrm{d}s} - \lambda_v \frac{\mathrm{d}u}{\mathrm{d}s}\right)\mathrm{d}s = \int_{\partial(\mathbb{X}^{-1}(R))} \left(\frac{1}{2\lambda}\lambda_u \mathrm{d}v - \frac{1}{2\lambda}\lambda_v \mathrm{d}u\right)$$
$$= \iint_{\mathbb{X}^{-1}(R)} \frac{1}{2}\Delta \ln \lambda \mathrm{d}u \mathrm{d}v.$$

所以

$$\sum_{i=1}^{3}\int_{\gamma_i} k_g(s)\mathrm{d}s = \iint_{\mathbb{X}^{-1}(R)} \frac{1}{2}\Delta \ln \lambda \mathrm{d}u \mathrm{d}v + \sum_{i=1}^{3}\int_{\gamma_i}\left(\frac{\mathrm{d}\varphi_i}{\mathrm{d}s}\right)\mathrm{d}s.$$

由于 $\mathbb{X}$ 是共形的, 且 $X^{-1}(\partial R)$ 是一条逆时针走向的简单闭曲线, 根据旋转指标定理 (参考附录 B.1) 就有

$$\sum_{i=1}^{3}\int_{\gamma_i}\left(\frac{\mathrm{d}\varphi_i}{\mathrm{d}s}\right)\mathrm{d}s + \sum_{i=1}^{3}\alpha_i = 2\pi.$$

综合上述各式, 即得所要证的公式.

例题 2.12 (球面三角形面积公式)　如果我们在单位球面上考虑一个由测地线围成的三角形 R, 并设三个内角为 $\beta_i\,(i=1,2,3)$, 那么 (2.12) 式可以写成

$$\mathrm{Area}(R) = \beta_1 + \beta_2 + \beta_3 - \pi.$$

上式通常被称为 Girard 公式, 其原始证明非常精彩.

任给一球面三角形, 其内角分别记为 α, β, γ. 延长各边, 会将球面分成八块. 注意到甲和其相邻的乙合起来构成一个球面上顶点夹角为 α 的月牙形区域, 该区域的两个角点正好是对径点, 所以很容易根据等分原则知

$$\mathrm{Area}(甲) + \mathrm{Area}(乙) = 2\alpha.$$

同理有

$$\mathrm{Area}(甲) + \mathrm{Area}(丙) = 2\beta,$$
$$\mathrm{Area}(甲) + \mathrm{Area}(丁) = 2\gamma,$$

以及

$$2(\mathrm{Area}(甲) + \mathrm{Area}(乙) + \mathrm{Area}(丙) + \mathrm{Area}(丁)) = 4\pi.$$

所以简单消元法得

$$\mathrm{Area}(甲) = \alpha + \beta + \gamma - \pi.$$

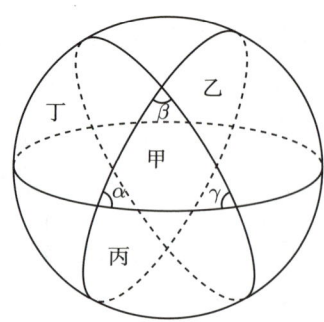

下面我们来介绍整体版本的 Gauss-Bonnet 公式. 其几何设定如下:

(1) 设 R 为可定向正则光滑曲面 S 上的一个紧致区域;

(2) 其边界 $\partial R = \bigcup_{j=1}^{l} C_j$, C_j: 由正定向的分段光滑曲线构成 (指由 S 诱导的定向, 形象地说就是头朝 S 的法向量, 沿着正定向走, R 在左手边);

(3) 设 α_j 为边界角点处的外角, $j = 1, 2, \cdots, k$.

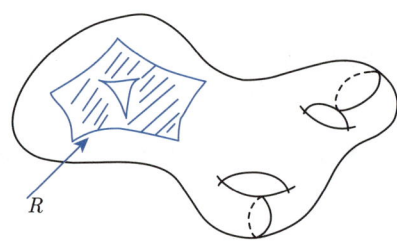

定义 2.9(三角剖分) 曲面上一个同胚于圆盘的区域 T, 如果其边界是三段光滑曲线构成的简单闭曲线, 我们称其为三角形区域. 曲面上一区域 R 的一个**三角剖分**是指一族有限多个三角形区域 $\mathcal{T} = \{T_j\}$, 满足 $R = \bigcup_{j=1}^{k} T_j$, 并且如果 $T_i \cap T_j \neq \varnothing$, 那么 $T_i \cap T_j$ 或是一个公共顶点或是一个公共边.

Rado 证明了任何曲面都存在三角剖分.

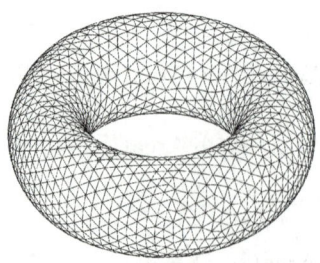

定义 2.10(Euler 示性数) 给定 R 的一个三角剖分 $\mathcal{T}$, 设 V, E, F 分别为顶点、边、面的个数, 可以证明 $\chi(R) := V - F + F$ 与三角剖分无关, 被称为 R 的 **Euler 示性数**.

定理 2.5 [Gauss-Bonnet 公式 (整体版本)] 在如上设定的曲面区域 R 上,

$$\int_R K\mathrm{d}\sigma + \int_{\partial R} k_g(s)\mathrm{d}s + \sum_{j=1}^k \alpha_j = 2\pi\chi(R). \tag{2.13}$$

证明 根据等温参数化的局部存在性以及 R 的紧性, 不难说明可以选取一个足够精细的三角剖分 $\mathcal{T} = \{T_j\}_{j=1}^F$, 使得每个 T_j 都落在某个等温局部参数化内. 此外 ∂R 的定向将诱导出所有 ∂T_j 的定向, 这些定向在边界上和 ∂R 吻合, 在内部公共边上是相反的.

记 T_j 的三个外角为 $\theta_{ji}, i = 1, 2, 3$. 在 T_j 上, 有

$$\int_{T_j} K\mathrm{d}\sigma + \int_{\partial T_j} k_g(s)\mathrm{d}s + \sum_{i=1}^3 \theta_{ji} = 2\pi.$$

关于 j 求和, 得

$$\sum_{j=1}^F \left(\int_{T_j} K\mathrm{d}\sigma + \int_{\partial T_j} k_g(s)\mathrm{d}s + \sum_{i=1}^3 \theta_{ji}\right) = 2\pi F. \tag{2.14}$$

根据积分关于区域的可加性, 有

$$\sum_{j=1}^F \int_{T_j} K\mathrm{d}\sigma = \int_R K\mathrm{d}\sigma. \tag{2.15}$$

对于测地曲率的积分, 由于内部公共边的定向相反, 相应的测地曲率互为相反数, 所以有

$$\sum_{j=1}^F \int_{\partial T_j} k_g(s)\mathrm{d}s = \int_{\partial R} k_g(s)\mathrm{d}s. \tag{2.16}$$

接下来只剩角度和需要处理, 为此我们记 β_{ij} 为 T_j 的三个内角, 所以有 $\beta_{ij} + \theta_{ij} = \pi$. 于是

$$\sum_{j,i} \beta_{ji} + \sum_{j,i} \theta_{ji} = 3\pi F. \tag{2.17}$$

我们转而关注内角和 $\sum \beta_{ij}$, 可以分三种情况:
(1) 在一个内部的顶点处 (其总个数记为 V_I), $\sum \beta_i = 2\pi$;
(2) 在一个边界的内部顶点处 (其总个数记为 V_{EI}), $\sum \beta_i = \pi$;
(3) 在边界本身的角点处 (其总个数记为 V_{EE}), $\sum \beta_i + \alpha_j = \pi$.

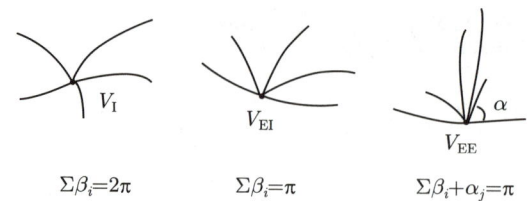

所以
$$\sum \theta_{ij} = 3\pi F - 2\pi V_I - \pi V_{EI} - \pi V_{EE} + \sum_{i=1}^k \alpha_i. \tag{2.18}$$

点、边、面之间有一个简单的关系
$$2E = 3F + V_{EI} + V_{EE}. \tag{2.19}$$

综合 (2.14)—(2.18) 式, 就得到了 (2.13) 式.

如果 S 是紧致无边的曲面, Gauss-Bonnet 公式就可以简洁地写成

定理 2.6 [Gauss-Bonnet 公式 (紧致无边曲面)]

$$\int_S K \mathrm{d}\sigma = 2\pi \chi(S). \tag{2.20}$$

最后我们提一下 Cohn-Vossen 关于非紧完备曲面上的全曲率积分定理, 感兴趣的读者可参阅 Shioya, Shiohama, Tanaka 合著的专著 [20].

定理 2.7 (Cohn-Vossen) 设 S 为一非紧完备曲面 (完备性的概念见 2.6 节), 若 S 具有有限拓扑, 且其全曲率有限, 则有

$$\int_S K \mathrm{d}A \leqslant 2\pi \chi(S).$$

2.4.1 应用举例

在本小节中, 我们列出一些 Gauss-Bonnet 公式的简单应用. 由于 Gauss-Bonnet 公式是说曲率的积分量和整体的拓扑性质有关, 所以我们可以从曲率的符号假设推断出拓扑性质, 反之也可以从拓扑假定得到曲率积分量的一些控制.

命题 2.7 设 S 为一具有非负 Gauss 曲率的可定向闭曲面, 且 Gauss 曲率不恒为零, 则 S 同胚于球面.

19 世纪末 20 世纪初拓扑学的一个重大进展是对可定向闭曲面的拓扑分类 (参见附录 B.3). 直观上, 可定向闭曲面完全可以按照 "洞" 的个数分类, 拓扑学上称为亏格 (genus). 一个亏格为 g 的曲面其 Euler 示性数恰为 $\chi = 2 - 2g$.

根据 (2.20) 式和曲率假设, $\chi(S) > 0$, 所以根据可定向闭曲面的拓扑分类, 命题 2.7 得证.

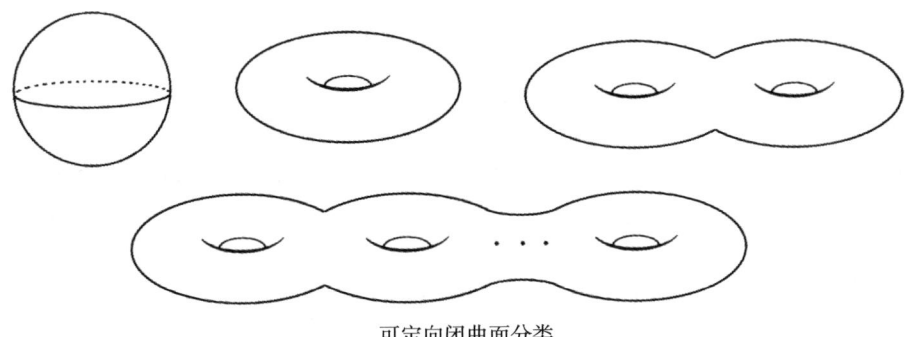

可定向闭曲面分类

命题 2.8 设 S 为 Gauss 曲率恒正的可定向闭曲面, 则其上任意两条简单闭测地线必相交.

证明 根据命题 2.7, 可知 S 一定同胚于球面. 根据 Jordan 曲线定理 (参考附录 B.2), 一条简单闭测地线 γ_1 一定将球面分成两个连通分支, 每个连通分支同胚于圆盘. 如果存在另一条简单闭曲线 γ_2 不和 γ_1 相交, 那么 γ_2 必然落在一个连通分支里, 进一步可知 γ_1 和 γ_2 围成一个环形区域 R, 根据 (2.13) 式, 有

$$\int_R K \mathrm{d}\sigma + \int_{\partial R} k_g \mathrm{d}s = 2\pi \chi(R).$$

由于 γ_1, γ_2 为两条测地线, $K > 0$, 所以上式左端大于零, 而 $\chi(R) = 0$, 所以得到矛盾. 由此 γ_1 和 γ_2 必相交.

命题 2.9 设 S 为一具有非正 Gauss 曲率 $K \leqslant 0$ 的正则光滑曲面, 则其上不可能有一条简单闭测地线围成一个同胚于圆盘的区域.

证明 假设有一个简单闭测地线 γ 围出一圆盘形区域 R, 那么在 R 上观察 Gauss-Bonnet 公式:

$$\int_R K \mathrm{d}\sigma + \int_{\partial R} k_g \mathrm{d}s = 2\pi \chi(R).$$

注意到左端 $\leqslant 0$, 而 $\chi(R) = 1$, 从而得到矛盾.

在上述论证中, 可以更进一步得到

命题 2.10 设 S 为一具有非正 Gauss 曲率 $K \leqslant 0$ 的正则光滑曲面, 则两条测地线不可能围出一个圆盘形区域.

证明 假设有两条测地线围出一个圆盘形区域 R, 这时 Gauss-Bonnet 公式左端会多出两个外角, 即

$$\int_R K \mathrm{d}\sigma + \int_{\partial R} k_g \mathrm{d}s + \beta_1 + \beta_2 = 2\pi \chi(R).$$

根据测地线的局部存在唯一性, 两条不同测地线之间的外角不可能为 π, 所以上式左端严格小于 2π.

命题 2.11　设 S 为一同胚于柱面的曲面，具有负 Gauss 曲率 $K<0$，则 S 上至多只有一条闭测地线.

证明　根据题设，我们可以建立一个 S 与 $\mathbb{R}^2 \setminus \{(0,0)\}$ 的同胚. 如果 S 上有一条简单闭测地线 γ_1，根据命题 2.9，γ_1 在 $\mathbb{R}^2$ 中的内部一定包含原点. 再根据命题 2.10，若有另一条闭测地线 γ_2，它不和 γ_1 相交，于是它们将围出一个环形区域 R，并有

$$\int_R K\,\mathrm{d}\sigma + \int_{\partial R} k_g\,\mathrm{d}s = 2\pi\chi(R).$$

上式左端严格小于零，而 $\chi(R)=0$，所以矛盾.

2.5　指数映射

本节我们介绍指数映射，一方面它是内蕴几何学中一个重要概念，另一方面它带给曲面论两个重要的局部参数化: 测地欧氏坐标 (法坐标)、测地极坐标. 利用此我们可以给出常曲率曲面的分类.

设 S 为一正则光滑曲面，固定 $p\in S$. 回忆测地线的局部存在唯一性，我们知道 $\forall v\in T_pS$，存在唯一的测地线 $\gamma:(-\varepsilon,\varepsilon)$，满足

$$\gamma(0)=p,\quad \gamma'(0)=v.$$

记过 p 点以 v 为初值的测地线为 $\gamma_v(t)$. 根据测地线关于初值的存在唯一性，我们有如下的伸缩性质.

命题 2.12　$\forall \lambda>0,\ \gamma_{\lambda v}(t)=\gamma_v(\lambda t)$.

证明　我们分别计算两条测地线的初值:

$$\gamma_{\lambda v}(0)=p=\gamma_v(0),$$

$$\gamma_v'(\lambda t)|_{t=0}=\lambda \gamma_v'(0)=\lambda v=\gamma_{\lambda v}'(0).$$

根据测地线的局部存在唯一性，命题得证.

定义 2.11 (指数映射)　固定 $p\in S$，我们按如下方式定义 p 点的指数映射.

$$\exp_p: T_pS \to S$$

$$v \mapsto \exp_p(v):=\gamma_v(1) \quad (\text{如果右端是有定义的}).$$

根据测地线的伸缩性质，易知 $\exp_p$ 在 T_pS 原点的一个开邻域内是有定义的. 更进一步，有

定理 2.8 固定 $p \in S$, 存在 $0 \in T_pS$ 的开邻域 U 使得 $\exp_p : U \to S$ 是到像的微分同胚.

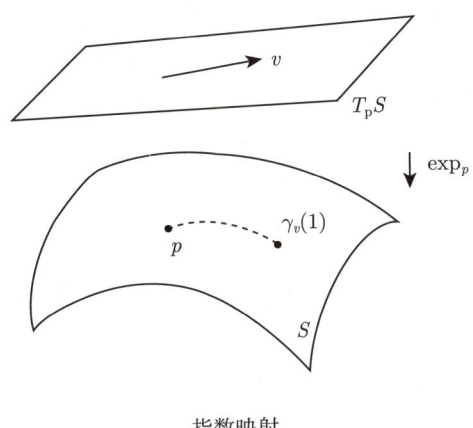

指数映射

上述定理基于反函数定理以及下述命题.

命题 2.13 $\mathrm{d}(\exp_p)_0 : T_pS \to T_pS$ 为恒同映射.

证明 按切映射的定义拆解一遍. $\forall v \in T_0(T_pS) = T_pS$, 可以选取 $\alpha(t) = vt$. 这样 $\alpha(0) = 0$, $\alpha'(0) = v$. 则有

$$\mathrm{d}(\exp_p)_0(v) = (\exp_p(\alpha(t)))'|_{t=0} = \gamma_{tv}(1)'|_{t=0} = \gamma_v(t)'|_{t=0} = v.$$

固定 $U \subset T_pS$, 使得 $\exp_p : U \to S$ 为到像的微分同胚, 这样我们就可以把映射 $\exp_p : U \to S$ 看作曲面 S 在 p 点附近的一个局部参数化. 根据 U 上坐标的选取, 我们有两种指数映射带来的局部参数化:

定义 2.12

测地欧氏坐标 (参数化): 选定 T_pS 的一组正交基 $\{e_1, e_2\}$, 令

$$\mathbb{X}(u, v) = \exp_p(ue_1 + ve_2),$$

(u, v) 的取值范围满足 $ue_1 + ve_2 \in U$.

测地极坐标 (参数化): 选定 T_pS 的一组正交基 $\{e_1, e_2\}$, 记 (ρ, θ) 为相应的极坐标 $(u = \rho \cos\theta, v = \rho \sin\theta)$, 令

$$\mathbb{X}(\rho, \theta) = \exp_p(\rho \cos\theta e_1 + \rho \sin\theta e_2),$$

(ρ, θ) 的取值范围满足 $\rho \cos\theta e_1 + \rho \sin\theta e_2 \in U$, 严格来说, 还需要 $\rho \neq 0$, $\theta \in (0, 2\pi)$. 在此参数化下, $\theta = $ 常数 的曲线称为**径向测地线**, $\rho = $ 常数 的曲线称为**测地圆周**.

这两个局部参数化是通过指数映射定义的, 所以已经"打包"了测地线信息. 下面我们会看到这两个局部参数化的妙处.

例题 2.13(测地欧氏坐标) 在测地欧氏坐标下, 有 $E(0,0) = G(0,0) = 1$, $F(0,0) = 0$, $\Gamma_{ij}^k(0,0) = 0$.

解 根据命题 2.13, 易知 $E(0,0) = G(0,0) = 1$, $F(0,0) = 0$. 可以再根据命题 2.1 计算 Γ_{ij}^k. 这里我们给出另一种算法, 因为在测地欧氏坐标下, $u(t) = at, v(t) = bt$ 就是一条径向测地线, 根据 (2.9) 式, 可得

$$\begin{cases} \Gamma_{11}^1(u(t),v(t))a^2 + 2\Gamma_{12}^1(u(t),v(t))ab + \Gamma_{22}^1(u(t),v(t))b^2 = 0, \\ \Gamma_{11}^2(u(t),v(t))a^2 + 2\Gamma_{12}^2(u(t),v(t))ab + \Gamma_{22}^2(u(t),v(t))b^2 = 0. \end{cases}$$

注意到在 $(u(0), v(0))$ 处, 上式对任意的 a, b 成立, 所以 $\Gamma_{ij}^k(0,0) = 0$. 一般我们也将测地欧氏坐标称为**测地法坐标**.

关于测地极坐标, 我们有下面的引理

引理 2.2 设 $\mathbb{X} : U \setminus \{\theta = 0\} \to S$ 为一测地极坐标, 则其第一基本形式的系数满足

$$E = \mathbb{X}_\rho \cdot \mathbb{X}_\rho \equiv 1, \quad F = \mathbb{X}_\rho \cdot \mathbb{X}_\theta \equiv 0,$$

并且 $G = \mathbb{X}_\theta \cdot \mathbb{X}_\theta$ 满足

$$\lim_{\rho \to 0} \sqrt{G(\rho,\theta)} = 0, \quad \lim_{\rho \to 0} \frac{\partial}{\partial \rho}\sqrt{G(\rho,\theta)} = 1.$$

证明 设 $v = \cos\theta_0 e_1 + \sin\theta_0 e_2$ 为一单位向量, 那么

$$\mathbb{X}(\rho, \theta_0) = \exp_p(\rho v) = \gamma_{\rho v}(1) = \gamma_v(\rho),$$

所以

$$\mathbb{X}_\rho(\rho, \theta_0) = \gamma_v'(\rho).$$

由于 γ_v 是测地线, 所以其切向量长度处处相等, 也就是

$$|\gamma_v'(\rho)| = |\gamma_v'(0)| = |v| = 1.$$

这就表明 $E(\rho, \theta) \equiv 1$.

下面考察 G. 相应测地欧氏坐标下的第一基本形式系数记为

$$\bar{E} = \mathbb{X}_u \cdot \mathbb{X}_u, \quad \bar{F} = \mathbb{X}_u \cdot \mathbb{X}_v, \quad \bar{G} = \mathbb{X}_v \cdot \mathbb{X}_v.$$

由上例知

$$\begin{pmatrix} \bar{E} & \bar{F} \\ \bar{F} & \bar{G} \end{pmatrix}\bigg|_{(0,0)} = \begin{pmatrix} 1 & 0 \\ 0 & 1 \end{pmatrix}. \tag{2.21}$$

根据链式法则有

$$\begin{pmatrix} \mathbb{X}_\rho \\ \mathbb{X}_\theta \end{pmatrix} = \begin{pmatrix} \cos\theta & \sin\theta \\ -\rho\sin\theta & \rho\cos\theta \end{pmatrix} \begin{pmatrix} \mathbb{X}_u \\ \mathbb{X}_v \end{pmatrix}.$$

由此知

$$\begin{pmatrix} E & F \\ F & G \end{pmatrix} = \begin{pmatrix} \mathbb{X}_\rho \\ \mathbb{X}_\theta \end{pmatrix} \begin{pmatrix} \mathbb{X}_\rho & \mathbb{X}_\theta \end{pmatrix} = \begin{pmatrix} \cos\theta & \sin\theta \\ -\rho\sin\theta & \rho\cos\theta \end{pmatrix} \begin{pmatrix} \bar{E} & \bar{F} \\ \bar{F} & \bar{G} \end{pmatrix} \begin{pmatrix} \cos\theta & -\rho\sin\theta \\ \sin\theta & \rho\cos\theta \end{pmatrix}.$$

所以

$$G = (-\rho\sin\theta\bar{E} + \rho\cos\theta\bar{F})(-\rho\sin\theta) + (-\rho\sin\theta\bar{F} + \rho\cos\theta\bar{G})(-\rho cos\theta)$$

$$= \rho^2(\sin^2\theta\bar{E} - 2\sin\theta\cos\theta\bar{F} + \cos^2\theta\bar{G}).$$

利用 (2.21) 式, 以及 $\bar{E}, \bar{F}, \bar{G}$ 的连续性, 我们得到

$$\lim_{\rho\to 0}\sqrt{G} = 0, \quad \lim_{\rho\to 0}(\sqrt{G})_\rho = 1.$$

同时注意到 $F = -\rho\cos\theta\sin\theta\bar{E} + \rho(\cos^2\theta - \sin^2\theta)\bar{F} + \rho\cos\theta\sin\theta\bar{G}$, 所以

$$\lim_{\rho\to 0} F(\rho, \theta) = 0. \tag{2.22}$$

断言:

$$\frac{\partial F}{\partial \rho} = 0.$$

因为

$$\begin{aligned}\frac{\partial}{\partial\rho}F &= \frac{\partial}{\partial\rho}\langle\mathbb{X}_\rho, \mathbb{X}_\theta\rangle = \langle\mathbb{X}_{\rho\rho}, \mathbb{X}_\theta\rangle + \langle\mathbb{X}_\rho, \mathbb{X}_{\theta\rho}\rangle \\ &= \langle\mathbb{X}_{\rho\rho}, \mathbb{X}_\theta\rangle + \frac{1}{2}\frac{\partial}{\partial\theta}\langle\mathbb{X}_\rho, \mathbb{X}_\rho\rangle \\ &= \langle\gamma_v''(\rho), \mathbb{X}_\theta\rangle = \left\langle\frac{D\gamma_v'(\rho)}{dt}, \mathbb{X}_\theta\right\rangle = 0 \quad (\gamma_v \text{ 是测地线}).\end{aligned}$$

这就表明 F 和 ρ 无关, 由 (2.22) 式知 $F \equiv 0$.

例题 2.14 (等距方位投影) 有一种绘制地图的方法叫作等距方位投影, 它可以保留距中心点的距离和方向. 其实就是利用了中心点指数映射的 "逆映射". 联合国徽章中的地图图案就采用了以北极点为中心的等距方位投影世界地图.

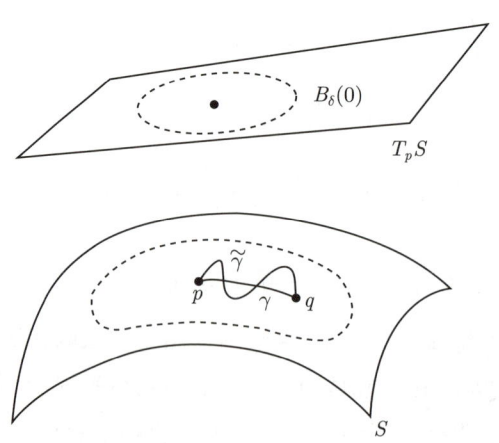

下面给出测地极坐标的两个应用. 第一个应用是证明测地线的局部极短性.

定理 2.9 假设 $\exp_p : B_\delta(0) \subset T_pS \to S$ 是到像的微分同胚, 记 $V = \exp_p(B_\delta(0))$. 对于给定的 $q \in V$, 记连接 p, q 的径向测地线为 γ, 则对于任意连接 p, q 的逐段光滑曲线 $\tilde{\gamma}$, 有

$$\mathrm{length}(\tilde{\gamma}) \geqslant \mathrm{length}(\gamma),$$

并且等号取到当且仅当 $\tilde{\gamma}$ 是 γ 的一个重新参数化.

证明 首先, 设 $q = \exp_p(v)$, 则 $\gamma_v(t)$, $t \in [0, 1]$ 就是连接 p, q 的径向测地线. 设 $|v| = l$, 则 $\mathrm{length}(\gamma) = l < \delta$. 我们分两种情况来证明.

情况一 $\mathrm{Image}(\tilde{\gamma}) \subset V$.

由于 $\mathbb{X} = \exp_p : B_\delta(0) \to V$ 是一个微分同胚, 可以假定 $\tilde{\gamma}$ 在测地极坐标下形如:

$$\tilde{\gamma}(t) = \mathbb{X}(\rho(t), \theta(t)), \quad t \in [0, d].$$

由于 $\tilde{\gamma}(d) = q$, 所以 $\rho(d) = l$.

于是

$$\begin{aligned}
\text{length}(\tilde{\gamma}) &= \int_0^d |\tilde{\gamma}'(t)|\mathrm{d}t = \int_0^d |\mathbb{X}_\rho \rho' + \mathbb{X}_\theta \theta'|\mathrm{d}t \\
&= \int_0^d \sqrt{(\mathbb{X}_\rho \rho' + \mathbb{X}_\theta \theta') \cdot (\mathbb{X}_\rho \rho' + \mathbb{X}_\theta \theta')}\mathrm{d}t \\
&= \int_0^d \sqrt{\rho'^2 + G\theta'^2}\mathrm{d}t \geqslant \int_0^d \sqrt{\rho'^2}\mathrm{d}t \\
&= \int_0^d |\rho'|\mathrm{d}t \geqslant \left|\int_0^d \rho'\mathrm{d}t\right| \\
&= |\rho(d) - \rho(0)| \\
&= l = \text{length}(\gamma).
\end{aligned}$$

追溯等号成立情况, 易知等号成立时, $\tilde{\gamma}$ 不过是 γ 的一个重新参数化.

情况二 如果 $\tilde{\gamma}$ 的轨迹没有完全落在 V 内. 这种情况 $\tilde{\gamma}$ 显然更长了, 因为 $\tilde{\gamma}$ 第一次离开 V 的那段长度已经至少大于等于 δ 了.

看完证明的读者可以想一想平面上证明两点之间直线段最短是不是也需要这个做法? 测地极坐标的第二个应用是常曲率曲面的局部分类.

定理 2.10 (Minding) 具有相同常 Gauss 曲率的两个正则光滑曲面是局部等距的.

证明 我们的目标是在两个曲面上找到两个共享定义域的局部参数化 $\mathbb{X}_1$, $\mathbb{X}_2$ 使得它们的第一基本形式系数相同. 为此我们在测地极坐标下考察 Gauss 曲率方程. 首先回忆引理 2.2,

$$E \equiv 1, \quad F \equiv 0, \quad G > 0, \quad \lim_{\rho \to 0}\sqrt{G} = 0, \quad \lim_{\rho \to 0}(\sqrt{G})_\rho = 1.$$

Gauss 方程此时为

$$K = -\frac{(\sqrt{G})_{\rho\rho}}{\sqrt{G}}. \tag{2.23}$$

对于给定的 θ, (2.23) 式可以看作 $\sqrt{G}$ 关于变量 ρ 的常微分方程, 且满足初值条件

$$\lim_{\rho \to 0}\sqrt{G} = 0, \quad \lim_{\rho \to 0}(\sqrt{G})_\rho = 1.$$

这样就有解

$$\sqrt{G}(\theta, \rho) = \begin{cases} \dfrac{1}{\sqrt{K}}\sin(\sqrt{K}\rho), & K > 0, \\ \rho, & K = 0, \\ \dfrac{1}{\sqrt{-K}}\sinh(\sqrt{-K}\rho), & K < 0. \end{cases}$$

显见解和 θ 无关，完全由 K 决定，所以两个 Gauss 曲率均为常数 K 的曲面在测地极坐标下的第一基本形式系数 G 相同，因此必局部等距.

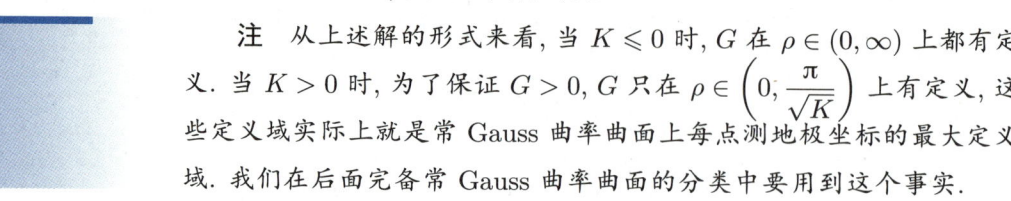

注 从上述解的形式来看，当 $K \leqslant 0$ 时，G 在 $\rho \in (0, \infty)$ 上都有定义. 当 $K > 0$ 时，为了保证 $G > 0$，G 只在 $\rho \in \left(0, \dfrac{\pi}{\sqrt{K}}\right)$ 上有定义，这些定义域实际上就是常 Gauss 曲率曲面上每点测地极坐标的最大定义域. 我们在后面完备常 Gauss 曲率曲面的分类中要用到这个事实.

2.6 测地完备、Hopf-Rinow 定理

回想指数映射，一个不尽如人意的地方就是先验地来说它只在切空间原点的一个邻域内有定义. 在这节中，我们讨论什么时候指数映射可以定义在整个切空间上，这牵涉到曲面的完备性，背后是著名的 Hopf-Rinow 定理.

定义 2.13(测地完备) 如果正则光滑曲面 S 上任一测地线 $\gamma : (-\varepsilon, \varepsilon) \to S$ 的定义域都可以延拓成 $\mathbb{R}$，则该曲面称为**测地完备**的.

例题 2.15(一个不测地完备的曲面) $S = \mathbb{R}^2 \backslash \{0\}$.

上例虽然比较人为，但是体现了完备性的另一面，即实际上测地完备性和度量空间的完备性是有关的. 利用测地距离，我们可以在正则光滑曲面 S 上引入一个度量，使之成为度量空间，进而可以谈论其关于度量的完备性.

定义 2.14(测地距离诱导的度量) 设 S 为一正则光滑曲面，$\forall p, q \in S$，它们之间的距离定义为

$$d(p, q) = \inf\{\text{length}(\gamma) |\ \gamma \text{ 是一条连接 } p, q \text{ 的分段光滑曲线}\}. \tag{2.24}$$

命题 2.14 (S, d) 是一个度量空间.

先回忆一下度量空间的定义. 集合 X 上的一个二元函数 $d : \mathbb{X} \times \mathbb{X} \to \mathbb{R}$ 如果满足：

(1) (正定性) $d(x, y) \geqslant 0$，等号成立当且仅当 $x = y$；

(2) (对称性) $d(x, y) = d(y, x)$；

(3) (三角不等式) $d(x, y) + d(y, z) \geqslant d(x, z)$，

则被称为 X 上的一个度量. 二元组 (X, d) 合称为**一度量空间**.

命题 2.14 的证明 下面来证明 (2.24) 式定义的函数满足上述三条.

对称性: 显然.

三角不等式: 任取连接 x 和 y 的分段光滑曲线 γ_1 以及连接 y 和 z 的分段光滑曲线 γ_2，自然将 γ_1 接续 γ_2 视为连接 x 和 z 的一条分段光滑曲线，记为 $\gamma = \gamma_1 \sqcup_y \gamma_2$. 显然有

$$d(x, z) \leqslant \text{length}(\gamma) = \text{length}(\gamma_1) + \text{length}(\gamma_2).$$

右端关于所有可能的 γ_1, γ_2 取下确界, 即得三角不等式.

正定性: 非负性显然. 还需证 $d(x,y) = 0 \Rightarrow x = y$. 用反证法, 如果 $x \neq y$, 易知存在充分小的 δ, 使得

(i) $\exp_x(B_\delta(0)) \cap \{y\} = \varnothing$;

(ii) $\exp_x : B_\delta(0) \to S$ 是一个到像的微分同胚.

根据定理 2.9 知 $d(x,y) \geqslant \delta$. 矛盾.

在度量空间 (X, d) 中, 以 p 为心, r 为半径的度量开球记为

$$B_r(p) = \{q \in X \big| d(p,q) < r\}.$$

命题 2.15 若 $\exp_p : B_\delta(0) \to S$ 为到像的微分同胚, 则

$$B_\delta(p) = \exp_p(B_\delta(0)).$$

证明 任取 $q \in \exp_p(B_\delta(0))$, 根据定理 2.9, 从 p 到 q 的径向测地线实现了 p, q 之间的距离, 所以 $d(p,q) < \delta$, 即 $q \in B_\delta(p)$.

反之, 若 $q \notin \exp_p(B_\delta(0))$, 则任一连接 p, q 的分段光滑曲线, 在其第一次离开 $\exp_p(B_\delta(0))$ 时, 长度至少为 δ, 即 $d(p,q) \geqslant \delta$, 所以 $q \notin B_\delta(p)$.

定理 2.11 (Hopf-Rinow) 设 S 为一正则光滑曲面, 则下述四个论述等价:

(1) $p \in S, \exp_p$ 在整个 $T_p S$ 上有定义;

(2) S 的任一有界闭子集是紧致的;

(3) (S, d) 是一个完备的度量空间;

(4) S 是测地完备的.

并且任意一条可以推出:

(5) $\forall p, q \in S$, 存在连接 p, q 的最短测地线 γ, 即 $\mathrm{length}(\gamma) = d(p, q)$.

为了证明 Hopf-Rinow 定理, 我们需要下述事实.

命题 2.16 如果 γ 为连接 p, q 的最短测地线, 则 γ 一定是光滑曲线, 也就是没有分段.

根据定理 2.9, 如果 $\exp_p : B_\delta(0) \to S$ 是到像的微分同胚, 则对于任意 $q \in V = \exp_p(B_\delta(0))$, 连接 p, q 的径向测地线是连接两者的唯一最短测地线. 下面的命题将这个性质传播到 p 的一个邻域中.

命题 2.17 设 S 为正则光滑曲面, 则对 $\forall p \in S$, 存在一个邻域 W, 以及 $\delta > 0$, 使得 $\forall q \in W$, $\exp_q : B_\delta(0) \to S$ 都是到像的微分同胚, 且 $\exp_q(B_\delta(0)) \supset W$. 因此任意 $p, q \in W$, 都存在唯一的最短测地线相连.

证明 根据测地线方程 (2.9) 关于初值的光滑依赖性, 任给 $p \in S$, 存在正数 $\varepsilon, \varepsilon_1$, 使得 $\exp_q : T_q S \to S$ 对任意 $q \in B_\varepsilon(p), v \in B_{\varepsilon_1}(0) \subset T_q S$ 是有定义的. 令

$$\mathcal{V} = \{(q, v) | q \in B_\varepsilon(p), v \in B_{\varepsilon_1}(0) \subset T_q S\},$$

考虑可微映射

$$\varphi: \mathcal{V} \to S \times S$$

$$(q, v) \mapsto (q, \exp_q(v)).$$

计算 φ 在 $(p, 0)$ 处的切映射. 为此考虑两种类型的曲线:

$$t \mapsto (p, tw), \quad t \mapsto (\alpha(t), 0),$$

其中 $w \in T_p S$, $\alpha(0) = p$. 由于 $\varphi(p, tw) = (p, \exp_p(tw))$, 所以

$$\mathrm{d}\varphi_{(p,0)}(0, w) = (0, w).$$

由于 $\varphi(\alpha(t), 0) = (\alpha(t), \exp_{\alpha(t)}(0))$, 所以

$$\mathrm{d}\varphi_{(p,0)}(\alpha'(0), 0) = (\alpha'(0), \alpha'(0)).$$

由 $w, \alpha'(0)$ 的任意性可知 $\mathrm{d}\varphi$ 在 $(p, 0)$ 处是非退化的. 根据反函数定理, 存在 $(p, 0) \in \mathcal{V}$ 的邻域 $V \times B_\delta(0)$ 以及 $(p, p) \in S \times S$ 的邻域 $\mathcal{U}$, 使得 $\varphi : V \times B_\delta(0) \to \mathcal{U}$ 是一个微分同胚. 根据 φ 的定义, $\varphi(p, \cdot) : B_\delta \to S$ 均为到像的微分同胚. 更进一步可取 p 的邻域 W, 满足 $W \times W \subset \mathcal{U}$, 这样对 $q \in W$, 就有

$$\varphi(q \times B_\delta(0)) \supset q \times W,$$

即 $\exp_q(B_\delta(0)) \supset W$.

命题 2.16 的证明 如果 γ 是分段光滑的, 设 t_0 为 γ 的折点, 也就是说 $\gamma'(t_0-) \neq \gamma'(t_0+)$, 在 $\gamma(t_0)$ 处取命题 2.17 给出的邻域 W, 对于充分小的 ε, $\gamma(t_0 \pm \varepsilon) \in W$. 连接 $\gamma(t_0 - \varepsilon)$ 和 $\gamma(t_0 + \varepsilon)$ 的最短测地线是唯一的, 且没有折点, 这和 γ 本身是最短测地线矛盾.

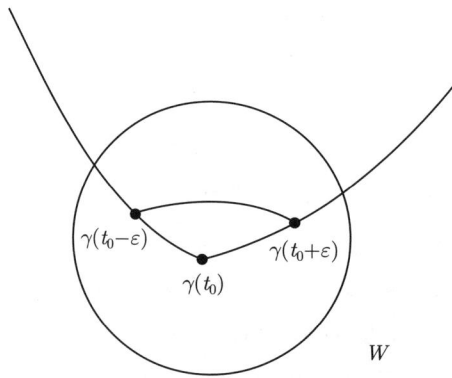

定理 2.11 的证明 我们先来证明 (1) $\Rightarrow$ (5): 设 $d(p, q) = l$ ($l > 0$). 根据定理 2.8, 存在 $\delta > 0$ 使得 $\exp_p : \overline{B_\delta(0)} \to S$ 是到像的微分同胚. 若 $l \leqslant \delta$, 根据定理 2.9 知连接 p, q 的径向测地线即为所求.

下面考虑 $l > \delta$ 的情况. 记
$$\exp_p(\partial B_\delta(0)) = S_\delta(p).$$

断言:
$$\exists\, x \in S_\delta(p),\ 使得\ d(x,q) = \min_{y \in S_\delta(p)} d(y,q).$$

实际上注意到:
- $d(\cdot, q)$ 是一个连续函数;
- $S_\delta(p)$ 是一个紧致集合,

上述断言就不证自明了.

设 $\exp_p^{-1}(x) = \delta v$, 其中 $v \in T_p S$ 是某个单位向量. 根据条件 (1), $\gamma_v(t)$ 是定义在整个实数上的 (这是我们唯一用到条件 (1) 的地方). 我们将证明 $\gamma_v(l) = q$. 这样 γ_v 就是实现 p, q 间距离的最短测地线.

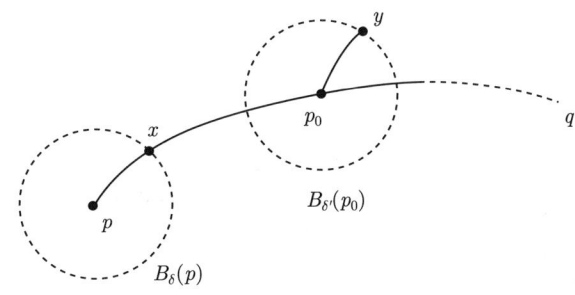

为此我们采用一个非常经典的**开闭性论证**.

引入集合
$$A = \{t \in [0, l] \,|\, d(\gamma_v(t), q) = l - t\}. \tag{2.25}$$

我们将说明 $A = [0, l]$, 这样就有 $d(\gamma_v(l), q) = 0$, 也就是 $\gamma_v(l) = q$.

为此我们将说明集合 A 是一个非空既开又闭的集合.

(1) 非空性: $\{0\} \in A \Rightarrow A \neq \varnothing$.

(2) 闭性: $d(\gamma_v(t), q)$ 是关于 t 的连续函数, 满足 (2.25) 式的 t 是某个连续函数的水平集, 所以是一个闭集.

(3) 开性: 我们将证明如果 $t_0 \in A$, 则存在 $\delta' > 0$, 使得 $t_0 + \delta' \in A$. (实际上我们会证明 $(t_0, t_0 + \delta'] \subset A$.)

记 $\gamma_v(t_0) = p_0$. 同理存在 $\delta' > 0$, 使得 $\exp_{p_0}: \overline{B_{\delta'}(0)} \to S$ 是一个到像的微分同胚. 记 $S_{\delta'}(p') = \exp_{p_0}(\partial B_{\delta'}(0))$. 类似地, 存在 $y \in S_{\delta'}(p_0)$, 使得
$$d(y, q) = \min_{z \in S_{\delta'}(p')} d(z, q).$$

根据距离的定义, 易知 $d(p_0,q) = \delta' + d(y,q)$. 由于 $p_0 = \gamma_v(t_0), t_0 \in A$, 所以 $d(p_0,q) = l - t_0$. 结合上式我们有

$$d(y,q) = l - t_0 - \delta'.$$

根据三角不等式, 有 $d(p,y) + d(y,q) \geqslant d(p,q)$, 所以 $d(p,y) \geqslant t_0 + \delta'$.

另一方面, 设 $\tilde{\gamma}$ 为 $\gamma|_{[0,t_0+\delta']}$ 接续上从 p_0 到 y 的径向测地线, 我们发现

$$d(p,y) \leqslant \mathrm{length}(\tilde{\gamma}) = t_0 + \delta',$$

所以 $d(p,y) = t_0 + \delta'$, 且被 $\tilde{\gamma}$ 的长度实现. 这样一来, 根据命题 2.16, $\tilde{\gamma}$ 必为光滑曲线, 也就是说 p_0 到 y 的径向测地线只不过是 γ_v 的延续. 所以 $\gamma_v(t_0+\delta') = y$, 亦即 $t_0 + \delta' \in A$.

下面我们证 (1)~(4) 之间的等价性.

(1) $\Longrightarrow$ (2): 任取 S 上的一个有界闭集 Ω, 这样就有 $r > 0$ 使得 $\Omega \subset B_r(p) \Longrightarrow \Omega \subset \overline{B_r(p)}$.

断言:

$$\overline{B_r(p)} \subset \exp_p(\overline{B_r(0)}).$$

任取 $q \in \overline{B_r(q)}$, 则 $d(p,q) \leqslant r$. 根据 e), 存在连接 p,q 的极短测地线 γ. 这样就存在单位向量 $v \in T_pS$ 使得

$$q = \gamma_v(d(p,q)) = \gamma_{d(p,q)v}(1) \in \exp_p(\overline{B_r(0)}).$$

回忆拓扑学中的两个事实:

事实一: 连续映射将紧集映为紧集;

事实二: 若 B 为紧集, 则其任一闭子集也是紧集.

根据事实一, $\overline{B_r(p)}$ 是紧集; 再由事实二知 Ω 也是紧集.

(2) $\Longrightarrow$ (3): 设 $\{q_n\}$ 为 (S,d) 上的一串 Cauchy 列 ($\forall \varepsilon > 0, \exists N$ 使得当 $n,m \geqslant N$ 时有 $d(q_n,q_m) \leqslant \varepsilon$).

$\{q_n\}$ 有界是显然的. 根据 (b), $\{q_n\}$ 的闭包是一个紧集, 所以存在收敛的子序列, 而由于这个序列本身是 Cauchy 列, 所以有收敛的子序列意味着整个序列收敛.

(3) $\Longrightarrow$ (4): 设 $\forall \gamma : (-\varepsilon, \varepsilon) \to S$ 为一条测地线, 不妨假设 $(-\varepsilon, \varepsilon)$ 为其极大存在区间, 我们将证明可以得到 γ 的一个延拓.

取 $t_n \to \varepsilon$. 不失一般性, 我们假定 γ 是以弧长为参数, 显然 $d(\gamma(t_n), \gamma(t_m)) \leqslant |t_n - t_m|$. 所以 $\{\gamma(t_n)\}$ 是一个 Cauchy 列. 由 (c) 知, 存在 $q \in S$, 使得

$$\lim_{n \to \infty} \gamma(t_n) = q.$$

我们补充定义 $\gamma(\varepsilon) = q$. 再根据测地线的局部存在唯一性, 可以将 γ 延拓至 $t = \varepsilon$ 的一个开邻域内, 和极大存在区间矛盾.

(4) $\Longrightarrow$ (1) 是显然的.

2.7 抽象曲面

至此我们已发展了很多内蕴几何的概念, 由于内蕴几何的核心是研究只依赖于第一基本形式的概念, 所以这些研究并不关心曲面在三维空间中的具体呈现方式. 换言之, 只要一个集合有类似于正则光滑曲面局部可参数化的性质, 就不需要置于外围空间, 而可以 "身临其境" 地研究其内蕴几何. 这种集合称为抽象曲面, 其本质上就是二维流形. 我们会在第三章详细展开介绍一般维数流形的理论.

定义 2.15 (抽象曲面)　设 S 为一个拓扑空间. 如果每点 $p \in S$, 都存在其开邻域 U, 以及一个同胚映射 φ 将 U 映为 $\mathbb{R}^2$ 中的一个开集 $\varphi(U)$, 则称 S 为一个**抽象曲面**. 称 $\varphi^{-1}: \varphi(U) \subset \mathbb{R}^2 \to S$ 为 p 点的一个**局部参数化 (坐标卡)**. 如果 S 上任意两个局部参数化 $(U, \varphi), (V, \psi)$, 若 $U \cap V \neq \varnothing$, 就有
$$\psi \circ \varphi^{-1}: \varphi(U \cap V) \to \psi(U \cap V), \quad \varphi \circ \psi^{-1}: \psi(U \cap V) \to \varphi(U \cap V)$$
为光滑映射, 则称 S 为一**光滑曲面**. $\psi \circ \varphi^{-1}, \varphi \circ \psi^{-1}$ 称为局部参数化间的**转移函数**.

例题 2.16 (一类平凡的例子)　之前讨论的作为欧氏空间子集的正则光滑曲面 $S \subset \mathbb{R}^3$ 都是抽象曲面, 其上的拓扑为欧氏标准拓扑诱导的子空间拓扑.

例题 2.17 (射影平面)　$\mathbb{S}^2$ 是一个拓扑空间, 局部欧氏, 在其上引入等价关系 $x \sim y$ 当且仅当 $x = -y$. $\mathbb{S}^2$ 在此等价关系下的商空间就被称为射影平面, 记为 $\mathbb{RP}^2$, 其拓扑为商拓扑. 容易发现它是局部欧氏的, 所以是一个抽象曲面.

例题 2.18 (Klein 瓶)　设 T 是将 yz 平面中圆周 $(y-2)^2 + z^2 = 1$ 绕 z 轴旋转一圈所得的环面, 其上引入等价关系 $x \sim y$ 当且仅当 $x = -y$. T 在此等价关系下的商空间是一个抽象曲面, 称为 Klein 瓶.

Klein 瓶其实是由两个 Möbius 带沿着边界黏合而成, 数学家 Leo Moser 有诗云:

A mathematician named Klein
Thought the Möbius band was divine.
Said he: "If you glue
The edges of two,
You'll get a weird bottle like mine."

在光滑曲面上, 根据转移函数的光滑性, 可以合理定义 S 上的函数的光滑性.

定义 2.16 (光滑函数)　设 S 为一抽象光滑曲面. 给定函数 $f: S \to \mathbb{R}$, 如果对任意的局部参数化 (U, φ), $f \circ \varphi^{-1}: \varphi(U) \to \mathbb{R}$ 是光滑的, 则称 f 为 S 上的**光滑函数**. S 上光滑函数的全体记为 $C^\infty(S)$.

定义 2.17 (光滑映射)　设 S_1, S_2 为抽象光滑曲面, 映射 $f: S_1 \to S_2$, 如果满足对任意 S_1 的局部参数化 (U, φ) 以及 S_2 的局部参数化 (V, ψ), 有 $\psi \circ f \circ \varphi^{-1}: \varphi(U) \to \psi(V)$

是光滑的, 则称 f 为**光滑映射**. f 如果存在光滑的逆映射 $f^{-1}: S_2 \to S_1$, 则称 f 为 S_1 和 S_2 之间的一个**微分同胚**.

因为抽象光滑曲面没有以三维空间的子集面貌出现, 所以这时谈论切空间就不那么直观. 但是三维空间中的切向量其实可以以一个算子的方式作用在曲面上的函数, 该作用实际上是取 "方向导数", 我们将这种 "方向导数" 的性质提炼出来作为抽象光滑曲面上切向量的定义方式.

定义 2.18 (切向量) 映射 $v: C^\infty(S) \to \mathbb{R}$ 如果满足:

(1) (线性) $v(f+g) = v(f) + v(g), v(af) = av(f), \forall f, g \in C^\infty(S), a \in \mathbb{R}$;

(2) (Leibniz 法则) $v(fg) = f(p)v(g) + v(f)g(p), \forall f, g \in C^\infty(S)$,

则称其为 S 在 p 点处的一个**切向量**, p 点处所有切向量的全体记为 T_pS, 称为 p 点的**切空间**.

例题 2.19 (切向量在局部参数化的表现) 对于 $p \in S$, 选定其邻域的一个局部参数化 (U, φ), 记为

$$\varphi(q) = (x(q), y(q)), \quad q \in U.$$

不失一般性, 我们假定 $\varphi(p) = (0, 0)$. 对于任意光滑函数 $f \in C^\infty(S)$, 可以引入两个算子 ∂_x, ∂_y:

$$\partial_x(f) = \frac{\partial}{\partial x} f \circ \varphi^{-1} \bigg|_{(0,0)}, \quad \partial_y(f) = \frac{\partial}{\partial y} f \circ \varphi^{-1} \bigg|_{(0,0)}.$$

可以验证它们满足切向量的两个条件. 并且对于任意 $v \in T_pS$, 可以证明

$$v = v(x \circ \varphi)\partial_x + v(y \circ \varphi)\partial_y.$$

因此 T_pS 是一个二维线性空间, 且对于给定的局部参数化 (U, φ, x, y) 而言,

$$T_pS = \mathrm{span}\{\partial_x, \partial_y\}.$$

例题 2.20 (切映射) 设 $f: S_1 \to S_2$ 为一光滑映射, 其在 p 点的**切映射**

$$T_pS_1 \ni v \mapsto \mathrm{d}f_p(v) \in T_{f(p)}S_2$$

为一线性映射, 满足

$$\mathrm{d}f_p(v)(\varphi) = v(f \circ \varphi), \quad \forall \varphi \in C^\infty(S_2).$$

在抽象曲面上有了切空间, 内蕴几何研究的场景就万事具备, 只欠度量了.

定义 2.19 (Riemann 曲面) 设 S 为一抽象曲面, 若以光滑的方式在其每点切空间指定一个内积 $g_p: T_pS \times T_pS \to \mathbb{R}$, 就称 g 为该抽象曲面上的一个**度量**, 而 (S, g) 称为 **Riemann 曲面**.

下面解释定义 2.19 中出现的文字: 以光滑的方式. S 作为一抽象曲面, 任给 p 点附近的局部坐标卡, (U,φ,x,y), 则有 $T_qS = \mathrm{span}(\partial_x|_q, \partial_y|_q)$, 这样内积 g_q 在这组基下就等价于对称正定 2×2 矩阵:

$$\begin{pmatrix} g_q(\partial_x, \partial_x) & g_q(\partial_x, \partial_y) \\ g_q(\partial_y, \partial_x) & g_q(\partial_y, \partial_y) \end{pmatrix}.$$

所谓以光滑的方式指定, 就是指

$$q \mapsto \begin{pmatrix} g(q)(\partial_x, \partial_x) & g(q)(\partial_x, \partial_y) \\ g(q)(\partial_y, \partial_x) & g(q)(\partial_y, \partial_y) \end{pmatrix} \quad (q \in U)$$

是一个取值为 2×2 对称正定矩阵的光滑映射. 由于转移函数都是光滑的, 所以上述光滑性和局部坐标卡的选取无关. 当然还有一个实际问题摆在眼前: 这种光滑指定的方式是否存在? 如果一个抽象曲面具有一个整体的参数化, 那么很容易构造其上的光滑度量; 如果抽象曲面不具有整体参数化, 那么我们可以将局部参数化下定义的度量 "光滑拼接" 起来, 这是流形上构造整体对象的一个基本方法, 还需要单位分解这个工具 (参见附录 A.3). 总之我们会在第三章详细体会这个做法. 这里请读者姑且相信抽象曲面上光滑度量是存在的, 并且实际上是充分多的.

定义 2.20 (度量的拉回) 设 $f: S_1 \to S_2$ 为一光滑映射且 $(\mathrm{d}f)_p$ 处处非退化, 若 g 为 S_2 上一光滑度量, 可在 T_pS_1 上引入内积 $\langle,\rangle$, 满足

$$\langle u,v\rangle_p := g_{f(p)}(\mathrm{d}f_p(u), \mathrm{d}f_p(v)), \quad \forall u,v \in T_pS_1.$$

按此方式得到了 S_1 上的一个光滑度量, 称为 g 的**拉回度量**, 记为 $f^*(g)$.

定义 2.21 (等距同构) 设 $(S_1, g_1), (S_2, g_2)$ 为两个 Riemann 曲面, 如果存在微分同胚 $f: S_1 \to S_2$, 满足 $f^*(g_2) = g_1$, 则称 f 为**等距同构**. 如果 S_1, S_2 之间存在等距同构, 就称它们为等距同构的.

有了这些概念准备, 就可以在抽象 Riemann 曲面上开展内蕴几何的研究. 下面介绍二维双曲空间, 并求出其上的测地线.

例题 2.21 (双曲空间的平面模型) $S_1 = \mathbb{R}^2$ 即为通常的二维欧氏空间. 其坐标记为 (u, v), 则

$$T_pS = \mathrm{span}\{\partial_u, \partial_v\}.$$

现引入度量 g_1, 使得

$$E = g_1(\partial_u, \partial_u) \equiv 1, \quad F = g_1(\partial_u, \partial_v) \equiv 0, \quad G = g_1(\partial_v, \partial_v) = \mathrm{e}^{2u}.$$

很显然这样就定义了一个 Riemann 曲面 (S_1, g_1) 该 Riemann 曲面称为双曲空间. 利用 Gauss 公式, 可以计算得 Gauss 曲率 $K \equiv -1$.

例题 2.22(双曲空间的上半平面模型) $S_2 = \mathbb{R}_+^2$. 其坐标记为 (x,y), 引入度量 g_2, 使得

$$E = g_2(\partial_x, \partial_x) = \frac{1}{y^2}, \quad F = g_2(\partial_x, \partial_y) \equiv 0, \quad G = g_2(\partial_y, \partial_y) = \frac{1}{y^2}.$$

可以证明 (S_2, g_2) 同构于双曲空间 (见本章习题 34), 称之为双曲空间的上半平面模型.

例题 2.23 求出双曲空间中所有的测地线.

解 根据双曲空间的平面模型, 由于 $E = 1, F = 0$, 所以 $v = $ 常数, 是测地线 (类似测地极坐标中的径向测地线). 为了得到其他的测地线, 我们在上半平面模型中做一个变量代换:

$$x - x_0 = \rho \cos\theta, \quad y = \rho \sin\theta.$$

这样在 (ρ, θ) 坐标下的第一基本形式为

$$\left\langle \frac{\partial}{\partial\rho}, \frac{\partial}{\partial\rho} \right\rangle = \frac{1}{\rho^2 \sin^2\theta}, \quad \left\langle \frac{\partial}{\partial\rho}, \frac{\partial}{\partial\theta} \right\rangle = 0, \quad \left\langle \frac{\partial}{\partial\theta}, \frac{\partial}{\partial\theta} \right\rangle = \frac{1}{\sin^2\theta}.$$

再做一个简单的变换

$$\rho_1 = \rho, \quad \theta_1 = \int_0^\theta \frac{1}{\sin\theta} d\theta,$$

就有

$$\left\langle \frac{\partial}{\partial\rho_1}, \frac{\partial}{\partial\rho_1} \right\rangle = \frac{1}{\rho_1^2 \sin^2\theta}, \quad \left\langle \frac{\partial}{\partial\rho_1}, \frac{\partial}{\partial\theta_1} \right\rangle = 0, \quad \left\langle \frac{\partial}{\partial\theta_1}, \frac{\partial}{\partial\theta_1} \right\rangle = 1.$$

由于 $F = 0, G = 1$, 同理知 $\rho_1 = \rho = $ 常数 是测地线. 注意到 $v = $ 常数 在上半平面里对应的是竖直的线, $\rho = $ 常数 是以 $(x_0, 0)$ 为心的半圆周. 这些就是双曲空间中所有的测地线. 因为过上半平面任一点及任一方向, 或存在唯一竖直线, 或存在唯一的半圆周. 在双曲空间的上半平面模型里, 将连接两点的测地线称为 "直线", 就得到了 Euclid 第五公设 (平行公设) 不成立的几何模型. 这就是历史上由 Bolyai, Lobachevsky, Gauss 独立发展出来的非欧几何.

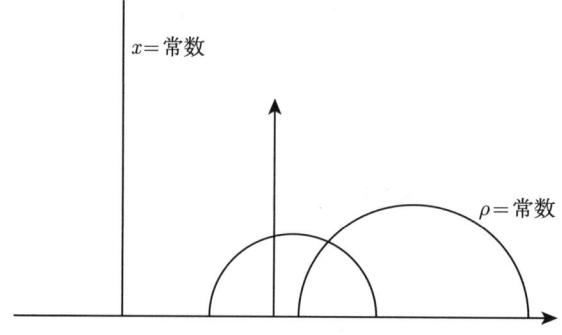

例题 2.24(平坦环面) 设 m, n 为两个整数, 定义 $T_{m,n} : \mathbb{R}^2 \to \mathbb{R}^2$ 为 $T_{m,n}(x, y) = (x + m, y + n)$. 如果存在 $m, n \in \mathbb{Z}$ 使得 $(x_1, y_1) = T_{m,n}(x, y)$, 则称 (x_1, y_1) 和 (x, y) 等

价. $\mathbb{R}^2$ 在这个等价关系下形成的商空间记为 $\mathbb{T}^2$, 容易验证 $\mathbb{T}^2$ 是一个抽象曲面, 事实上由于 $\mathbb{T}^2$ 可以看成是将单位正方形 $[0,1] \times [0,1]$ 黏合对边得到的, 所以 $\mathbb{T}^2$ 同胚于一个环面.

记 $\pi: \mathbb{R}^2 \to \mathbb{T}^2$ 为商映射, 我们想在 $\mathbb{T}^2$ 上引入一个内积. 很显然 π 是一个局部微分同胚, 联想到 $\mathbb{R}^2$ 上有个自然的内积, 所以可以试图将这个内积搬到 $\mathbb{T}^2$ 上. 这有点像度量拉回的反向操作, 一般来说有个问题, 因为若 $q = \pi(p_1) = \pi(p_2)$, 那么 $T_q\mathbb{T}^2$ 上的内积应该由 $T_{p_1}\mathbb{R}^2$ 上的内积还是 $T_{p_2}\mathbb{R}^2$ 的内积诱导呢? 现取 $T_{m,n}(p_1) = p_2$, 由于 $T_{m,n}$ 是 $\mathbb{R}^2$ 上的等距同构, 所以对于 $u, v \in T_q\mathbb{T}^2$, 如果定义
$$\langle u, v \rangle_q = \langle \mathrm{d}\pi_{p_i}^{-1}(u), \mathrm{d}\pi_{p_i}^{-1}(v) \rangle_{p_i},$$
那么上式右端对 $i = 1$ 和 $i = 2$ 是相同的, 这样就可以没有歧义地在 $T_q\mathbb{T}^2$ 上引入内积 g, 使得 $(\mathbb{T}^2, g)$ 构成一个抽象 Riemann 曲面. 在这个诱导度量下, π 是一个局部等距同构, 所以称 $(\mathbb{T}^2, g)$ 为**平坦环面**.

*2.8 常曲率空间分类

本节我们将介绍常曲率空间的分类, 可以分两种情形: 一、内蕴分类, 亦即分类具有常 Gauss 曲率的抽象 Riemann 曲面; 二、外蕴分类, 分类 $\mathbb{R}^3$ 中的具常 Gauss 曲率或者常平均曲率的完备正则光滑曲面.

2.8.1 内蕴分类

定理 2.12 (内蕴 $K =$ 常数) 设 (S, g) 为一**完备** Riemann 曲面, 其 Gauss 曲率为常数 (通过伸缩变换, 总可以假定 $K \equiv 1, 0, -1$). 若 S 为单连通, 则其必等距于下述之一:
(1) 单位圆球面 $\mathbb{S}^2(1)$, $K \equiv 1$;
(2) 平坦欧氏空间 $\mathbb{R}^2$, $K \equiv 0$;
(3) 双曲平面 $\mathbb{H}^2$, $K \equiv -1$.

注 如果 S 上任何闭曲线可以连续形变收缩成一点, 就称 S 是单连通的. 详细的定义参见附录 B.4.

若 (S, g) 为一 Gauss 曲率为常数的完备抽象 Riemann 曲面, 则存在一个唯一的单连通 Riemann 曲面 $\tilde{S}$, 称为 S 的万有覆盖空间. 可以通过覆盖映射 $\pi: \tilde{S} \to S$ 将 S 上的度量 g 拉回到 $\tilde{S}$ 上, 拉回度量记为 $\tilde{g}$. π 是关于度量 $g, \tilde{g}$ 的局部等距同构, 并且可以证明 $\tilde{g}$ 也是完备的 (见本章习题 39). 这样 $(\tilde{S}, \tilde{g})$ 就是单连通的 Gauss 曲率为常数的完备 Riemann 曲面, 所以根据上述定理, 可得:

定理 2.13 若 (S, g) 为一 Gauss 曲率为常数 ($K \equiv 1, -1, 0$) 的完备 Riemann

曲面, 则其万有覆盖 $\tilde{S}$ 带拉回度量一定等距同构于单位圆球面、平坦欧氏空间、双曲平面三者之一.

下表列出一些 Gauss 曲率为常数的 Riemann 曲面.

	单连通	非单连通
$K \equiv 1$	$\mathbb{S}^2$	$\mathbb{RP}^2$ (实射影平面)
$K \equiv 0$	$\mathbb{R}^2$	平坦环面, Klein 瓶, $\mathbb{S}^1 \times \mathbb{R}$ (柱面) 等
$K \equiv -1$	$\mathbb{H}^2$	亏格 $\geqslant 2$ 的双曲闭曲面等

为证明常曲率曲面的分类, 我们需要下述两个引理. 第一个引理是说, 局部等距由映射在一点的值和其切映射唯一决定.

引理 2.3 设 $f, g : (S_1, g_1) \to (S_2, g_2)$ 为两个局部等距, 设 $f(p) = g(p)$, $\mathrm{d}f_p = \mathrm{d}g_p$, 如果 S_1 连通, 则有 $f \equiv g$.

证明 令
$$A = \{x \in S_1 | f(x) = g(x), \mathrm{d}f_x = \mathrm{d}g_x\}.$$
由于 $p \in A$, 所以 A 非空. 根据 A 的定义, 易知其为一个闭集. **断言**: A 是一个开集. 注意, 如果 $\exp_p(v)$ 是有定义的, 则 $t \to \exp_p(tv)$ 是一条测地线, 由于局部等距把测地线映为测地线. 因此 $t \to f(\exp_p(tv))$ 是一条测地线, 其初始切向量为
$$\frac{\mathrm{d}}{\mathrm{d}t}\bigg|_{t=0} f(\exp_p(tv)) = \mathrm{d}f_p\left(\frac{\mathrm{d}}{\mathrm{d}t}\bigg|_{t=0} \exp_p(tv)\right) = \mathrm{d}f_p(v).$$
再根据测地线关于初值的存在唯一性知,
$$f(\exp_p(tv)) = \exp_{f(p)}(t\mathrm{d}f_p(v)),$$
取 $t = 1$ 得
$$f \circ \exp_p(v) = \exp_{f(p)}(\mathrm{d}f_p(v)). \tag{2.26}$$
若 $x \in A$, 如果 $\exp_x(v)$ 是有定义的, 则
$$\begin{aligned}
f \circ \exp_x(v) &= \exp_{f(x)}(\mathrm{d}f_x(v)) \\
&= \exp_{g(x)}(\mathrm{d}g_x(v)) \\
&= g \circ \exp_x(v).
\end{aligned} \tag{2.27}$$

由于 $\exp_x$ 会映满 x 的一个邻域, (2.27) 式就表明这个邻域中的点都属于 A. 所以 A 是一个开集, 引理得证.

我们给出覆盖映射的定义, 更多细节读者可参见附录 B.5.

定义 2.22 设 $\pi : \bar{X} \mapsto X$ 为两个拓扑空间之间的连续满射, 如果 $\forall p \in X$, 存在一个邻域 U_p, 使得在 $\bar{X}$ 上有一族互不相交的开集 V_α, 满足
$$\pi^{-1}(U_p) = \cup_\alpha V_\alpha,$$

且 π 在每个 V_α 上的限制都是到 U_p 的同胚, 则称 π 为一个**覆盖映射**.

引理 2.4 若 $f:(S_1,g_1) \to (S_2,g_2)$ 为一局部等距, 如果 S_1 是完备的, S_2 是连通的, 则 f 是一个覆盖映射.

证明 取定 $q \in S_2$, 我们可以假定 $\exp_q : B_0(\varepsilon) \mapsto B_q(\varepsilon)$ 是一个微分同胚. **断言**:
$$f^{-1}(B_q(\varepsilon)) = \bigcup_{f(p)=q} B_p(\varepsilon).$$

实际上, 任取 $p \in f^{-1}(q)$, 由于 S_1 是完备的, 所以 $\exp_p : B_0(\varepsilon) \mapsto B_p(\varepsilon)$ 是有定义的. 因为 $\mathrm{d}f_p : B_0(\varepsilon) \subset T_pS_1 \mapsto B_0(\varepsilon) \subset T_qS_2$ 是一个同构, 结合 (2.26) 式知 $\exp_p : B_0(\varepsilon) \mapsto B_p(\varepsilon)$ 和 $f:B_p(\varepsilon) \mapsto B_q(\varepsilon)$ 均为微分同胚. 这说明了 $f^{-1}(B_q(\varepsilon)) \supset \bigcup_{f(p)=q} B_p(\varepsilon)$.

另一方面, 任取 $x \in f^{-1}(B_q(\epsilon))$, 设 $\gamma(t):t\in[0,1]$ 为连接 q 和 $f(x) \in B_q(\varepsilon)$ 的径向测地线. 由于 S_1 是完备的, 存在测地线 $\sigma:[0,1] \mapsto S_1$, 满足
$$\sigma(1)=x, \quad \mathrm{d}f_x(\sigma'(1)) = \gamma'(1).$$
这样 $f \circ \sigma$ 是一条 S_2 中的测地线, 满足
$$f\circ\sigma(1)=f(x), \quad (f\circ\sigma)'(1) = \gamma'(1),$$
根据测地线的存在唯一性知, $f \circ \sigma(t) \equiv \gamma(t)$. 于是 $f\circ\sigma(0) = q$, 这样 $x \in B_{\sigma(0)}(\varepsilon)$.

最后还需要证明 f 必为满射. 显见 $f(S_1) \subset S_2$ 为开集, 为证满射性, 我们需证 $f(S_1)$ 为闭集. 设有序列 $f(p_k)$ 在 S_2 上收敛到 q, 根据命题 2.17 知, 存在 q 的邻域 W 以及 $\delta > 0$, 使得对于任意 $q' \in W$, $\exp_{q'}$ 在 $B_0(\delta)$ 上是到像的微分同胚, 且 $\exp_{q'}(B_0(\delta)) \supset W$, 于是对于充分大的 k, $q \in W \subset \exp_{f(p_k)}(B_0(\delta))$, 由前述论证知 q 在 f 的像集中, 满射性得证.

定理 2.12 的证明 方便起见, 记 $\mathbb{S}^2_k (k=\pm 1,0)$ 为单位圆球面、平坦欧氏空间、双曲平面三者之一. 现设 (S,g) 为一 Gauss 曲率为常数 ($K \equiv \pm 1, 0$) 的完备抽象 Riemann 曲面. 根据定理 2.10, 及其后的注记, 存在一个常数 $r > 0$, 使得对任意 $p \in S, q \in \mathbb{S}^2_k$, $B_p(r) \subset S$ 是等距于 $B_q(r) \subset \mathbb{S}^2_k$ 的.

我们将定义一个局部等距映射 $f: S \to \mathbb{S}^2_k$, 并证明它其实是一个整体微分同胚.

首先取定两个基点 $p \in S, q \in \mathbb{S}^2_k$, 以及一个等距同构 $L: T_pS \to T_q\mathbb{S}^2_k$, 那么根据引理 2.3, 满足 $f:B_p(r) \mapsto B_q(r)$, 且 $\mathrm{d}f_p = L$ 的局部等距是唯一的. 从该点出发我们按解析延拓的想法将 f 延拓到整个 S 上. 具体来说, 设 $x \in S$ 是另一点, 可以取 γ 为连接 p, x 的一条分段光滑曲线, 我们可以用有限多个球 $B_{p_i}(r)$ 覆盖 γ, 满足
$$B_{p_1}(r) = B_p(r), \quad B_{p_i}(r) \cap B_{p_{i+1}}(r) \neq \varnothing.$$

注意到如果 $f_i : B_{p_i}(r) \to \mathbb{S}^2_k$ 是有明确定义, 由于 $B_{p_i}(r) \cap B_{p_{i+1}}(r) \neq \varnothing$, 根据引理 2.3, 可以得到一个唯一的局部等距
$$f_{i+1}: B_{p_{i+1}}(r) \to \mathbb{S}^2_k$$

满足

$$f_i(x) = f_{i+1}(x), \quad x \in B_{p_i}(r) \cap B_{p_{i+1}}(r).$$

因为 $f_1 = f : B_p(r) \mapsto B_q(r)$ 是有明确定义的, 通过上述观察我们可以递归地唯一定义出 f 在 x 的值.

下面简要说明 $f(x)$ 和曲线 γ 的选取以及覆盖 $\{B_{p_i}(r)\}$ 是无关的. 这本质上都是基于引理 2.3, 也就是局部等距映射的刚性. 将曲线 $\gamma : [0,l] \to S$ 由两个不同覆盖而产生的延拓分别记为 f 和 g, 可以按照引理 2.3 的方式设 $A = \{t \in [0,l] | f(\gamma(t)) = g(\gamma(t)), \mathrm{d}f_{\gamma(t)} = \mathrm{d}g_{\gamma(t)}\}$, 并按开闭性论证方式证明 $A = [0,l]$. 此外设 $\overline{\gamma}$ 是另一条连接 p 和 x 的分段光滑曲线, 如果它和 γ 靠的比较近使得 $\{B_{p_i}(r)\}$ 仍然覆盖了 $\overline{\gamma}$, 那么 $f(x)$ 的值唯一确定. 进而实际上只要 γ 和 $\overline{\gamma}$ 是同伦的分段光滑曲线, $f(x)$ 的值就是唯一的. 最后由于 S 是单连通的, 任意两条连接 p, x 的分段光滑曲线都是同伦的, 所以 $f(x)$ 的值是固定的. 如此我们确实得到了一个整体良定的局部等距映射 $f : S \to \mathbb{S}_k^2$, 再根据引理 2.4, f 为一个覆盖映射, 由于 $\mathbb{S}_k^2$ 也是单连通的, 所以 f 其实是一个微分同胚, 这样就说明 S 是等距同构于 $\mathbb{S}_k^2$ 的.

2.8.2 外蕴分类: 常 Gauss 曲率曲面

下面我们转向外蕴分类. 首先如果 $S \subset \mathbb{R}^3$ 是一个完备的正则光滑曲面, 并具有常 Gauss 曲率, 那么内蕴地来看我们已经知道他们的万有覆盖必等距于单位圆球面、欧氏平面、双曲平面之一, 所以现在的分类某种意义上是上述这些曲面在欧氏空间中的呈现.

严格的数学定义如下:

定义 2.23 (浸入)　设 S 为一抽象曲面, 对于映射 $f : S \to \mathbb{R}^3$, 如果切映射 $(\mathrm{d}f)_p$ 对每点 p 都是单射, 则称 f 为一**浸入**.

定义 2.24　如果浸入映射 $f : S \to \mathbb{R}^3$ 是到像的同胚, 则被称为**嵌入**.

定义 2.25 (等距嵌入)　设 (S, g) 为一 Riemann 曲面, 如果光滑映射 $f : (S, g) \to \mathbb{R}^3$ 是一个浸入 (嵌入), 并且局部等距, 则称 f 为一**等距浸入 (嵌入)**.

下面这个定理说明了 Gauss 曲率为正常数的完备曲面在欧氏空间的呈现方式只有一种, 即为圆球面. 该定理体现了球面的刚性.

定理 2.14 (Liebmann)　设 $S \subset \mathbb{R}^3$ 为一紧致无边光滑曲面, 如果其 Gauss 曲率为常数, 则 S 必等距于一个圆球面.

定理的证明依赖于下述引理.

引理 2.5　设 S 为一正则光滑曲面, 约定两个主曲率满足 $k_1 \geqslant k_2$, 若有一点 $p \in S$ 满足:

(1) $K(p) > 0$;

(2) $k_1(p)$ 取得局部极大值, 且 $k_2(p)$ 取到局部极小值,

则必有 $k_1(p) = k_2(p)$.

定理 2.14 的证明 我们先承认引理 2.5 来证明 Liebmann 定理. 首先注意到 $K =$ 常数 > 0. 这是因为 S 是封闭曲面, 所以一定存在椭圆点 (见第一章习题 48).

显见 k_1, k_2 为 S 上的连续函数, 由于 S 是紧致曲面, 所以一定存在 $p \in S$ 使得 k_1 在 p 处取到整体最大值. 由于 $K = k_1 k_2 = $ 常数, k_2 也必然在 p 处取到了整体最小值. 所以根据引理 2.5, $k_1(p) = k_2(p)$. 但是对于任意 $q \in S$, 有

$$k_1(p) \geqslant k_1(q) \geqslant k_2(q) \geqslant k_2(p).$$

如此, 所有点都是全脐点. 根据例题 1.16, S 必等距于球面.

现在我们给出引理 2.5 的证明.

引理 2.5 的证明 用反证法, 如果 $k_1(p) > k_2(p)$, 根据附录中推论 A.1, 可以找到 p 点附近的局部参数化, 使得 $F \equiv f \equiv 0$. 不失一般性, 设 $k_1 = e/E, k_2 = g/G$.

在此参数化下, Codazzi 方程可以表为

$$e_v = \frac{E_v}{2}(k_1 + k_2), \tag{2.28}$$

$$g_u = \frac{G_u}{2}(k_1 + k_2). \tag{2.29}$$

而 Gauss 方程为

$$K = -\frac{1}{2\sqrt{EG}}\left(\left(\frac{E_v}{\sqrt{EG}}\right)_v + \left(\frac{G_u}{\sqrt{EG}}\right)_u\right). \tag{2.30}$$

由于 $e = k_1 E$, 所以 $e_v = (k_1)_v E + k_1 E_v$, 将此式代入 (2.28) 式得

$$E(k_1)_v = \frac{E_v}{2}(-k_1 + k_2). \tag{2.31}$$

类似地,

$$G(k_2)_u = \frac{G_u}{2}(k_1 - k_2). \tag{2.32}$$

由于 k_1, k_2 分别是局部极大和极小值, 就有
(1) $(k_1)_u(p) = (k_1)_v(p) = (k_2)_u(p) = (k_2)_v(p) = 0$;
(2) $(k_1)_{uu}(p) \leqslant 0, (k_1)_{vv}(p) \leqslant 0$;
(3) $(k_2)_{uu}(p) \geqslant 0, (k_2)_{vv}(p) \geqslant 0$.

加之 $k_1(p) \neq k_2(p)$, 所以有 $E_v(p) = G_u(p) = 0$.

$$\frac{\partial}{\partial v}(2.31) \implies E(k_1)_{vv} + E_v(k_1)_v = \frac{E_{vv}}{2}(-k_1 + k_2) + \frac{E_v}{2}(-k_1 + k_2)_v,$$

所以 $E_{vv}(p) \geqslant 0$.

$$\frac{\partial}{\partial u}(2.32) \implies G(k_2)_{uu} + G_u(k_2)_u = \frac{G_{uu}}{2}(k_1 - k_2) + \frac{G_u}{2}(k_1 - k_2)_u,$$

所以 $G_{uu}(p) \geqslant 0$.

展开 (2.30) 式, 有

$$-2\sqrt{EG}K = \frac{E_{vv}}{\sqrt{EG}} + \frac{G_{uu}}{\sqrt{EG}} + C \cdot E_v + D \cdot G_u. \tag{2.33}$$

这里 C, D 两项的表达式具体是多少不重要, 因为要在 p 点取值, 而 $E_v(p) = G_u(p) = 0$. 如此便发现上式左端严格小于零, 而上式右端非负. 矛盾.

Liebmann 定理的出发点预设了曲面 S 是紧致无边的. 为了分类正的常 Gauss 曲率曲面, 下节中的 Bonnet 定理告诉我们该曲面必是紧致无边的. 所以综合起来就有

定理 2.15　设 $S \subset \mathbb{R}^3$ 为 Gauss 曲率恒为 1 的完备正则光滑曲面, 则 S 一定等距于单位圆球面.

Gauss 曲率为零的 "呈现" 方式就比较柔性了. 事实上, 已经知道两个明显的实例: 平面和圆柱面都是 Gauss 曲率为零的完备曲面. 另外可以将圆柱面展开成 "竖立的屏风状" 的曲面, 如在 $\mathbb{R}^3$ 中考虑 $y = \sin x$, 显然这种曲面也是 Gauss 曲率恒为零的. 严格来说如果曲面上过每点 p 存在唯一的直线 l_p, 并且当 $p \neq q$, l_p 和 l_q 或者平行或者重合, 我们称该曲面为**广义柱面**. 下面的定理说明上述例子就是三维欧氏空间中所有 Gauss 曲率为零的完备曲面了.

定理 2.16　设 $S \subset \mathbb{R}^3$ 为一 Gauss 曲率恒为零的完备曲面, 则 S 必为一平面或广义柱面.

上述定理最早由 Pogorelov 于 1956 年给出, 它也包含在 Hartman-Nirenberg 定理 (1959 年) 的一个推论中. 其后 Massey 和 Stoker 分别给出了更加直接和初等的证明. 下面给出证明的梗概.

由于 $K \equiv 0$, S 上的点只有两类: 平点和抛物点. 记平点集为 P, 抛物点集为 U. 易知 P 是一个闭集, U 是一个开集. 记 $\mathrm{Bd}(U)$ 为 U 在 S 上的边界点, $\mathrm{Bd}(P)$ 为 P 在 S 上的边界点, 易知 $\mathrm{Bd}(U) = \mathrm{Bd}(P)$.

定义 2.26　如果曲面 S 上的正则曲线 α 满足 $\mathrm{II}_{\alpha(s)}(\alpha'(s)) \equiv 0$, 则称其为一**渐近线**.

命题 2.18　$\forall p \in U$, 过其的渐近线 r 必为直线段.

证明　任取 $p \in U$, 由于 p 是一个抛物点, 亦即有一个主曲率 $\lambda_1 = 0$, 另一个主曲率 $\lambda_2 \neq 0$, 所以存在 p 点附近的局部参数化 $\mathbb{X}$ 使得其坐标曲线就是曲率线, 而对应于主曲率为零的曲率线就是渐近线. 不妨设 $v = $ 常数 为渐近线. 这样沿着 $v = $ 常数, $(\mathrm{d}n)(\mathbb{X}_u) = n_u = \lambda_1 \mathbb{X}_u = 0$. 这样沿着 $v = v_0$ 的曲线, 法向量 n 为常向量, 不妨记为 $n = n_0$. 由于在这个参数化的每点都经过 $v = $ 常数 的曲线, 所以 $n_u \equiv 0$. 这样

$$(\mathbb{X} \cdot n)_u = \mathbb{X}_u \cdot n + \mathbb{X} \cdot n_u = 0,$$

所以
$$\mathbb{X} \cdot n = \varphi(v). \tag{2.34}$$

上式关于 v 求偏导有
$$\mathbb{X} \cdot n_v = \varphi'(v). \tag{2.35}$$

再者 $(n_v)_u = n_{uv} = 0$, 说明 n_v 在 $v = v_0$ 的曲线上也是常数, 不妨记为 $n_v = n_{v0}$. 注意到 $(\mathrm{d}n)(X_v) = n_v = \lambda_2 \mathbb{X}_v \neq 0$. (2.34) 式表明曲线 $\mathbb{X}(u, v_0)$ 落在以 n_0 为法向量的平面内, (2.35) 式表明曲线 $\mathbb{X}(u, v_0)$ 落在以 n_{v0} 为法向量的平面内, 显然 n_0 和 n_{v0} 是线性无关的, 所以 $\mathbb{X}(u, v_0)$ 是直线段.

命题 2.19 设 r 为过 $p \in U$ 的最大渐近线, 则 $r \cap P = \varnothing$.

上述命题基于下述引理.

引理 2.6 设 $r(s)$ 为一条以弧长为参数过 $p \in U$ 的渐近线, 沿着该渐近线的平均曲率记为 $H(s)$, 则
$$\frac{\mathrm{d}^2}{\mathrm{d}s^2}\left(\frac{1}{H(s)}\right) = 0.$$

证明 首先在 p 点附近引入局部参数化 $\mathbb{X}$ 使得坐标线就是曲率线 ($F = f = 0$). 假定 $v = $ 常数 对应渐近线, 这样 $e = 0$. 所以平均曲率可表为
$$H = \frac{1}{2}\left(\frac{e}{E} + \frac{g}{G}\right) = \frac{g}{2G}.$$

在此特殊参数化下 Codazzi 方程 (2.6) 可以简化为
$$0 = \frac{1}{2}\frac{gE_v}{G}, \quad g_u = \frac{1}{2}\frac{gG_u}{G}. \tag{2.36}$$

从 (2.36) 式的第一个式子知 $E = E(u)$ 只是关于 u 的函数, 这样通过参数变换
$$\bar{u} = \int \sqrt{E(u)}du, \quad \bar{v} = v,$$

就有在此坐标下 $E = 1$. 简单起见, 仍然记 $(\bar{u}, \bar{v})$ 为 (u, v). 根据 Gauss 公式 (注意此时 $E = 1, F = 0$), 有
$$K = -\frac{1}{\sqrt{G}}(\sqrt{G})_{uu} = 0,$$

所以
$$\sqrt{G} = c_1(v)u + c_2(v).$$

现可将 (2.36) 的第二式写为
$$\frac{g_u}{g} = \frac{1}{2}\frac{G_u}{G} = \frac{\sqrt{G}_u}{\sqrt{G}},$$

所以
$$g = c_3(v)\sqrt{G}.$$
这样
$$\frac{1}{H} = 2\frac{c_1(v)u + c_2(v)}{c_3(v)}.$$
由于此参数化下 $s = u$, 所以命题得证.

命题 2.19 的证明 假设 $r \cap P \neq \varnothing$, 则必存在 s_0, 使得 $r(s_0) = p_0 \in P$, 且对 $s < s_0$, $r(s) \in U$. 但是根据引理 2.6 知
$$H(s) = \frac{1}{as+b}. \tag{2.37}$$
由于 $r(s_0) \in P$, 所以应有
$$\lim_{s \to s_0} H(s) = 0,$$
显然和 (2.37) 式矛盾.

记 $\mathrm{Bd}(U)$ 为 U 在 S 上的边界点, 易知 $\mathrm{Bd}(U) = \mathrm{Bd}(P)$.

最后为了证明定理 2.16 还需要下述命题, 证明从略 (读者可参阅 [2] 5.8 节).

命题 2.20 对任意 $p \in \mathrm{Bd}(U)$, 过 p 存在唯一的开线段 $C(p)$ 满足 $C(p) \subset \mathrm{Bd}(U)$.

定理 2.16 的证明 现假定 S 不是一个平面, 所以 $U \neq \varnothing$. 记 $\mathrm{Int}(P)$ 为 P 的内点, 那么 $\mathrm{Int}(P)$ 中的点都是全脐点, 所以每个 $\mathrm{Int}(P)$ 的连通分支都落在某个平面内.

要证明过 $\forall q \in S \setminus \mathrm{Int}(P)$, 存在唯一的直线 $R(q) \subset S$, 且这样的直线或者重合或者不相交.

情形一 $q \in U$. 实际上, $R(q)$ 就是过 q 的极大渐近线. 由于渐近线是直线段, 自然是 S 上的测地线, 根据完备性知该渐近线可以无限延伸, 命题 2.19 保证 $R(q) \subset U$. 如果 $q' \neq q \in U$, 则 $R(q') \cap R(q) = \varnothing$. 不然两条直线的交点处两个不同的渐近方向, 这和交点属于 U 矛盾.

情形二 $q \in \mathrm{Bd}(U)$. 此时 $R(q)$ 就是由命题 2.20 给出的 $C(p)$ 之延伸. 理由同上.

下面证明这些直线都是平行的. 设 $q \in U \cup \mathrm{Bd}(U)$, $p \in U$. 因为 S 是连通的, 所以存在一条曲线 $\alpha : [0, l] \to S$, 连接 p, q, 亦即 $\alpha(0) = p, \alpha(l) = q$. $\exp_p : T_pS \mapsto S$ 是一个覆盖映射且局部等距 (见定理 2.24 中的证明). 记 $\tilde{\alpha} : [0, l] \mapsto T_pS$ 为 α 的提升, 满足 $\tilde{\alpha}(0) = 0$. 这样 $\alpha(t) = \exp_p(\tilde{\alpha}(t))$, 记 r_t 为 $R(\alpha(t))$ 的提升, 满足 $r_t(0) = \tilde{\alpha}(t)$. 根据局部等距的性质知, r_t 都是 T_pS 里的直线. 如果 $r_{t_1} \cap r_{t_2} \neq \varnothing$, 则 $R(\alpha(t_1))$ 和 $R(\alpha(t_2))$ 也有交点, 矛盾. 所以对不同的 t, r_t 在 T_pS 上彼此平行, 再由局部等距知 $R(\alpha(t))$ 也彼此平行, 这样每个 $\mathrm{Int}(P)$ 的连通分支就是某平面中夹在两个平行直线间的带状区域.

至此我们完成了证明.

Gauss 曲率为负常数的完备曲面已经没有办法在 $\mathbb{R}^3$ 中呈现了. Hilbert 于 1901 年证明了下述定理.

定理 2.17 (Hilbert) 不存在双曲平面 $\mathbb{H}^2$ 到 $\mathbb{R}^3$ 的等距浸入.

该定理的证明用到了以下引理 (证明从略, 读者可参阅 [2] 5.11 节).

引理 2.7 如果存在双曲空间到三维欧氏空间的等距浸入 $i: \mathbb{H}^2 \to \mathbb{R}^3$, 则存在一个整体参数化 $\mathbb{X}: \mathbb{R}^2 \to i(\mathbb{H}^2)$, 使得坐标曲线是渐近线, 且该参数化构成一个 Tchebyshef 网.

注 如果一个局部参数化的任意四条坐标曲线 $u = u_i, v = v_i, i = 1, 2$ 围成的四边形对边相等, 则称该参数化为一个 **Tchebyshef 网**.

定理 2.17 的证明 根据引理 2.7, 存在 Tchebyshef 网参数化 $\mathbb{X}$. 根据第一章的习题 35, 可以通过一个坐标变换使其第一基本形式系数为 $E = G = 1, F = \cos\theta$. 此时 Gauss 方程告知

$$K = -\frac{\theta_{uv}}{\sin\theta} = -1 \Rightarrow \sin\theta = \theta_{uv}.$$

这样由坐标曲线 $u = u_i, v = v_i, i = 1, 2$ 围成的四边形 R 的面积是

$$\begin{aligned}
\text{Area}(R) &= \int_{v_1}^{v_2} \int_{u_1}^{u_2} \sqrt{EG - F^2} \, du dv = \int_{v_1}^{v_2} \int_{u_1}^{u_2} \theta_{uv} du dv \\
&= \theta(u_1, v_1) - \theta(u_2, v_1) + \theta(u_2, v_2) - \theta(u_1, v_2) \\
&= \alpha_1 + \alpha_3 - (\pi - \alpha_2) - (\pi - \alpha_4) \\
&= \sum_{i=1}^{4} \alpha_i - 2\pi < 2\pi.
\end{aligned} \tag{2.38}$$

由于该计算对任意坐标曲线围成的四边形成立, 加之 $\mathbb{X}$ 是一个整体参数化, 就和双曲空间总面积无限矛盾.

2.8.3 外蕴分类: 常平均曲率曲面

下面考虑平均曲率为常数的正则光滑曲面分类. 平均曲率恒为零的曲面叫作极小曲面, $\mathbb{R}^3$ 中存在大量完备非紧极小曲面. 根据比较原理, 可知一个紧致曲面一定具有椭圆点, 该点的平均曲率肯定非零, 所以有

命题 2.21 $\mathbb{R}^3$ 中不存在紧致无边的极小曲面.

类似地, $\mathbb{R}^3$ 中存在大量完备非紧且平均曲率为非零常数的曲面. 关于紧致无边的常平均曲率曲面, 最早由 Hopf[11] 证明了

定理 2.18 (Hopf) 同胚于球面的常平均曲率曲面一定等距同构于圆球面.

其后, Aleksandrov[1] 证明了

定理 2.19 (Aleksandrov) $\mathbb{R}^3$ 紧致无边的常平均曲率曲面 S 一定等距同构于圆球面.

Aleksandrov 在证明中提出了一个有趣的 "移动平面法". 该方法后来在微分几何、偏微分方程中有关对称性的研究中大放异彩, 成为一个很重要的工具. 该方法的技术核心是建立各种形式的强极大值原理.

先给出两个基于强极值原理的关键引理, 由于证明超出本书要讨论的范围, 请读者参阅 [8].

引理 2.8 设 f, g 为定义在 $B_1(0)$ 上的两个光滑函数, 满足 $f(x) \geqslant g(x)$, $f(0) = g(0)$, 且

$$\operatorname{div} \frac{\nabla f(x)}{\sqrt{1 + |\nabla f(x)|^2}} = \operatorname{div} \frac{\nabla g(x)}{\sqrt{1 + |\nabla g(x)|^2}}, \quad \forall x \in B_1(0),$$

则 $f(x) \equiv g(x)$.

引理 2.9 设 f, g 为 $B_1^+(0)$ 上的两个光滑函数, 满足 $f(x) \geqslant g(x)$, $f(0) = g(0)$, $\frac{\partial f}{\partial \nu}(0) = \frac{\partial g}{\partial \nu}(0)$, 且

$$\operatorname{div} \frac{\nabla f(x)}{\sqrt{1 + |\nabla f(x)|^2}} = \operatorname{div} \frac{\nabla g(x)}{\sqrt{1 + |\nabla g(x)|^2}}, \quad \forall x \in B_1^+(0),$$

则 $f(x) \equiv g(x)$.

定理 2.19 的证明 首先我们给出一些记号, 设 S 为平均曲率为常数 H 的紧致无边正则光滑曲面, 其围成的区域记为 Ω. 令 $\Sigma_t = \{(x, y, z) \in \mathbb{R}^3 | z = t\}$ 为 z 轴坐标为 t 的平面,

$$\Omega_t^\pm := \{(x, y, z) \in \Omega | z > (<) t\}$$

为 Ω 分居 Σ_t 两侧的区域. 令 $\widehat{\Omega_t^+}$ 为 Ω_t^+ 关于 Σ_t 的反射.

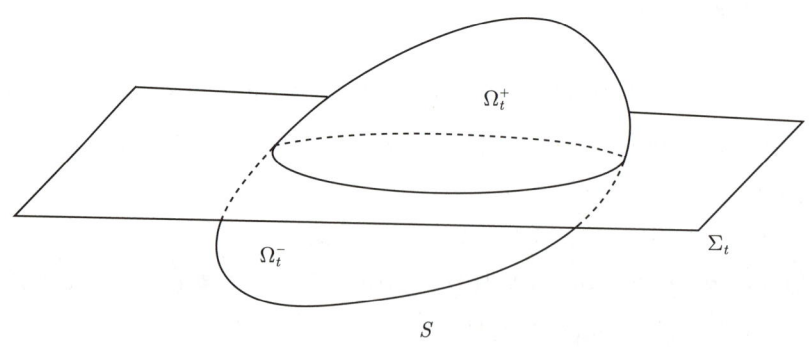

对于充分大的 t, 显然 $\Sigma_t \cap S = \varnothing$. 沿着 z 轴负方向移动平面, 并考虑包含关系

$$\widehat{\Omega_t^+} \subset \Omega_t^-.$$

令
$$T_0 = \inf\{t \,|\, \widehat{\Omega_t^+} \subset \Omega_t^-\}.$$

简单的几何直观和连续性告诉我们, 在 $t = T_0$ 这个临界平面 ($\widehat{\Omega_t^+}$ 将出未出之际),

$$\partial\widehat{\Omega_{T_0}^+} \text{ 和 } \partial\Omega_{T_0}^- \text{ 有相切点}.$$

这个相切点分两种情况:

情况一: 有位于在平面 Σ_{T_0} 以下的相切点. 任取一个这样的相切点 $p \in \partial\widehat{\Omega_{T_0}^+} \cap \partial\Omega_{T_0}^-$. 局部上, 我们可以分别视 $\partial\widehat{\Omega_{T_0}^+}, \partial\Omega_{T_0}^-$ 为 T_pS 上 p 点附近定义的两个光滑函数的图像. 这两个光滑函数恰满足引理 2.8 的条件, 其中

$$\operatorname{div} \frac{\nabla f(x)}{\sqrt{1 + |\nabla f(x)|^2}} = \operatorname{div} \frac{\nabla g(x)}{\sqrt{1 + |\nabla g(x)|^2}},$$

是由于函数图像对应曲面的平均曲率恰为 $H = \operatorname{div} \dfrac{\nabla f}{\sqrt{1 + |\nabla f|^2}}$. 于是根据引理 2.8, 我们知 $\partial\widehat{\Omega_{T_0}^+}$ 和 $\partial\Omega_{T_0}^-$ 在 p 点附近完全吻合.

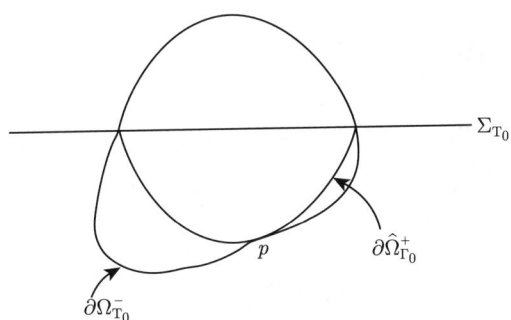

情况二: 所有的相切点位于平面 Σ_{T_0} 上. 此时任取一个相切点 $p \in \partial\widehat{\Omega_{T_0}^+} \cap \partial\Omega_{T_0}^-$. 局部上, 我们可以分别视 $\partial\widehat{\Omega_{T_0}^+}, \partial\Omega_{T_0}^-$ 为 T_pS 上 p 点附近定义的两个光滑函数的图像. 而这两个光滑函数恰满足引理 2.9 的条件, 所以 $\partial\widehat{\Omega_{T_0}^+}$ 和 $\partial\Omega_{T_0}^-$ 在 p 点附近也完全吻合.

上述讨论说明无论何种情况, 相切点集是一个开集, 而根据连续性, 相切点集自然是一个闭集, 所以有

$$\partial\widehat{\Omega_{T_0}^+} = \partial\Omega_{T_0}^-,$$

换句话说 S 关于平面 Ω_{T_0} 反射对称. 由于我们可以随意选择坐标系, 所以这个反射对称性关于任何方向都成立, 这样 S 就必须是一个圆球面了.

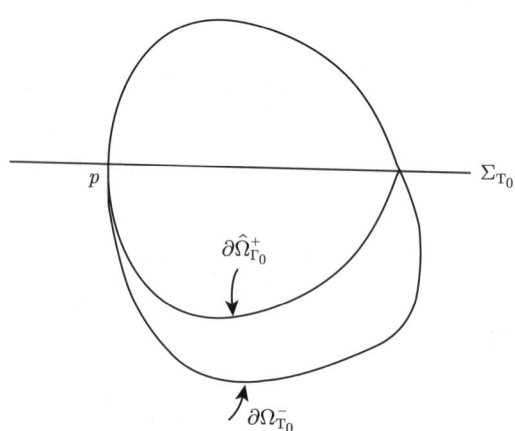

*2.9 带符号曲率曲面简介

本节我们介绍一些带符号曲率和曲面拓扑之间的关系, 这也是高维 Riemann 几何的一大研究主题.

2.9.1 正曲率: Bonnet 定理

这节我们利用弧长变分公式研究 Gauss 曲率有正下界的完备曲面.

定理 2.20 (Bonnet) 若完备 Riemann 曲面 (S,g) 的 Gauss 曲率满足 $K \geqslant \delta > 0$, 则 S 紧致无边, 且其直径满足

$$\mathrm{diam}(S) \leqslant \frac{\pi}{\sqrt{\delta}}.$$

注 对于度量空间 (S,d) 而言, 其直径被定义为

$$\mathrm{diam}(S) = \sup_{x,y \in S} d(x,y).$$

抽象 Riemann 曲面的度量空间结构由其度量决定 (见定义 2.14).

定义 2.27(变分) 设 $\alpha : [0,l] \to S$ 是 S 上以弧长为参数的正则光滑曲线, 光滑映射 $h : [0,l] \times (-\varepsilon, \varepsilon) \to S$ 如果满足

$$h(s,0) = \alpha(s), \quad s \in [0,l],$$

则称其为 α 的一个**变分**. 如果

$$h(0,t) = \alpha(0), \quad t(l,t) = \alpha(l), \quad \forall t \in (-\varepsilon, \varepsilon),$$

则称 h 为一个**定端变分**. 对于一个变分 h,

$$V(s) = \frac{\partial h}{\partial t}(s,0), \quad s \in [0,l]$$

为沿着 α 的一个向量场, 被称为**变分向量场**. 显然对于定端变分, 有 $V(0) = V(l) = 0$.

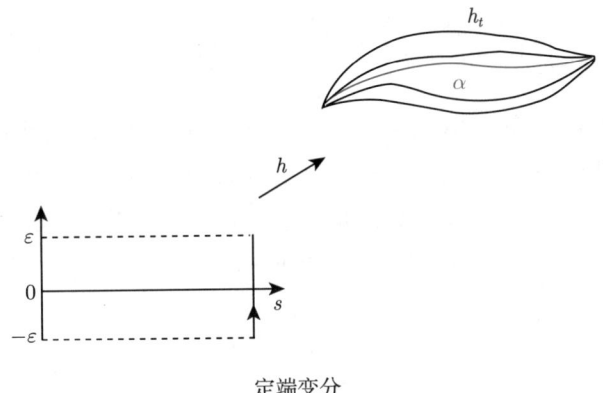

定端变分

实际上, 我们可以视映射 h 为以 t 为参数的一族曲线, $h_t(s) = h(s,t) : [0,l] \to S$. 当 $t = 0$ 时, h_0 即为 α. 考虑这族曲线的长度

$$L(t) = \int_0^l \left|\frac{\partial h}{\partial s}(s,t)\right| \mathrm{d}s, \quad t \in (-\varepsilon, \varepsilon).$$

命题 2.22 (第一变分公式)　设 $h: [0,l] \times (-\varepsilon, \varepsilon) \to S$ 为曲线 $\alpha(s)$ 的一个定端变分, V 为变分向量场, 长度泛函 L 如上, 记 $A(s) = \dfrac{\mathrm{D}\alpha'(s)}{\mathrm{d}s}$ 为曲线 α 的切向量场沿着 α 的协变导数, 则

$$L'(0) = -\int_0^l \langle A(s), V(s) \rangle \mathrm{d}s. \tag{2.39}$$

证明　首先注意到如果 $w(t), v(t)$ 是曲面 S 上沿着曲线 α 的向量场, 则

$$\frac{\mathrm{d}}{\mathrm{d}t}\langle v(t), w(t) \rangle = \left\langle \frac{\mathrm{D}v(t)}{\mathrm{d}t}, w(t) \right\rangle + \left\langle v(t), \frac{\mathrm{D}w(t)}{\mathrm{d}t} \right\rangle.$$

其次, 对于一个光滑映射 $h: [0,l] \times (-\varepsilon, \varepsilon) \to S$, 有

$$\frac{\mathrm{D}}{\partial s}\frac{\partial h}{\partial t}(s,t) = \frac{\mathrm{D}}{\partial t}\frac{\partial h}{\partial s}(s,t).$$

所以

$$L'(t) = \int_0^l \frac{\mathrm{d}}{\mathrm{d}t} \left\langle \frac{\partial h}{\partial s}, \frac{\partial h}{\partial s} \right\rangle^{1/2} \mathrm{d}s$$

$$= \int_l^0 \frac{\left\langle \frac{\mathrm{D}}{\partial t}\frac{\partial h}{\partial s}, \frac{\partial h}{\partial s}\right\rangle}{\left|\frac{\partial h}{\partial s}\right|} \mathrm{d}s = \int_0^l \frac{\left\langle \frac{\mathrm{D}}{\partial s}\frac{\partial h}{\partial t}, \frac{\partial h}{\partial s}\right\rangle}{\left|\frac{\partial h}{\partial s}\right|} \mathrm{d}s.$$

在上式中取 $t=0$, 就得到

$$L'(0) = \int_0^l \left\langle \frac{\mathrm{D}V(s)}{\mathrm{d}s}, \frac{\partial h}{\partial s}(s,0)\right\rangle \mathrm{d}s = -\int_0^l \left\langle V(s), \frac{\mathrm{D}\alpha'(s)}{\mathrm{d}s}\right\rangle \mathrm{d}s.$$

对于给定的曲线 α, 令 $\alpha(0)=p, \alpha(l)=q$. 连接 p,q 的分段光滑曲线全体记为 $\Omega_{p,q}$. 所以任一 α 的定端变分 $h_t, t\in(-\varepsilon,\varepsilon)$ 就可以视为 $\Omega_{p,q}$ 中过 α 的一条曲线, 而变分向量场 $V(s)$ 可以视为该曲线在 α 的切向量, $L(t)$ 就是长度泛函在 h_t 上的限制. $L'(0)$ 可以视为长度泛函沿着 $V(s)$ 的方向导数. 如果曲线 α 的任一定端变分都有 $L'(0)=0$, 我们就称该曲线是长度泛函 L 的临界点.

下述命题告诉我们总是存在定端变分使得其变分向量场为预先给定的那个, 证明留作练习.

命题 2.23 设 $V(s)$ 是沿着 $\alpha(s)$ 的光滑向量场满足 $V(0)=V(l)=0$, 则一定存在 α 的定端变分 h 使得 $V(s)$ 就是 h 的变分向量场.

根据上述命题以及命题 2.22 可知

推论 2.1 曲线 α 为长度泛函的临界点当且仅当 α 是一条测地线.

从微积分中, 我们学到临界点的二阶导数如果非负 (非正), 该临界点就是一个局部极小 (极大) 值. 所以我们有必要在临界点 (测地线) 处推导二阶导数. 为此, 我们需要如下引理:

引理 2.10 设 $\mathbb{X}(u,v)$ 是曲面 S 在 p 点附近的一个局部参数化, S 的 Gauss 曲率记为 K, 则

$$\frac{\mathrm{D}}{\partial v}\frac{\mathrm{D}}{\partial u}\mathbb{X}_u - \frac{\mathrm{D}}{\partial u}\frac{\mathrm{D}}{\partial v}\mathbb{X}_u = K(\mathbb{X}_u\wedge\mathbb{X}_v)\wedge\mathbb{X}_u.$$

证明 因为协变导数就是通常导数的切向分量, 所以

$$\frac{\mathrm{D}}{\partial u}\mathbb{X}_u = \Gamma_{11}^1\mathbb{X}_u + \Gamma_{11}^2\mathbb{X}_v.$$

进一步求导并结合结构方程 (2.1), 得到

$$\frac{\mathrm{D}}{\partial v}\left(\frac{\mathrm{D}}{\partial u}\mathbb{X}_u\right) = \left\{(\Gamma_{11}^1)_v + \Gamma_{12}^1\Gamma_{11}^1 + \Gamma_{22}^1\Gamma_{11}^2\right\}\mathbb{X}_u$$
$$+ \left\{(\Gamma_{11}^2)_v + \Gamma_{12}^2\Gamma_{11}^1 + \Gamma_{22}^2\Gamma_{11}^2\right\}\mathbb{X}_v.$$

类似地有

$$\frac{\mathrm{D}}{\partial u}\left(\frac{\mathrm{D}}{\partial v}\mathbb{X}_u\right) = \left\{(\Gamma_{12}^1)_u + \Gamma_{12}^1\Gamma_{11}^1 + \Gamma_{12}^1\Gamma_{12}^2\right\}\mathbb{X}_u$$

$$+ \left\{ \left(\Gamma_{12}^2\right)_u + \Gamma_{11}^2 \Gamma_{12}^1 + \Gamma_{12}^2 \Gamma_{12}^2 \right\} \mathbb{X}_v.$$

于是

$$\frac{\mathrm{D}}{\partial v}\frac{\mathrm{D}}{\partial u}\mathbb{X}_u - \frac{\mathrm{D}}{\partial u}\frac{\mathrm{D}}{\partial v}\mathbb{X}_u = \left\{ \left(\Gamma_{11}^1\right)_v - \left(\Gamma_{12}^1\right)_u + \Gamma_{22}^1 \Gamma_{11}^2 - \Gamma_{12}^1 \Gamma_{12}^2 \right\} \mathbb{X}_u$$

$$+ \left\{ \left(\Gamma_{11}^2\right)_v - \left(\Gamma_{12}^2\right)_u + \Gamma_{12}^2 \Gamma_{11}^2 + \Gamma_{22}^2 \Gamma_{11}^2 - \Gamma_{11}^2 \Gamma_{12}^1 - \Gamma_{12}^2 \Gamma_{12}^2 \right\} \mathbb{X}_v.$$

利用 Gauss 方程 (2.5) 将上式中的 Christoffel 符号代换, 我们得到

$$\frac{\mathrm{D}}{\partial v}\frac{\mathrm{D}}{\partial u}\mathbb{X}_u - \frac{\mathrm{D}}{\partial u}\frac{\mathrm{D}}{\partial v}\mathbb{X}_u = -FK\mathbb{X}_u + EK\mathbb{X}_v$$

$$= K\left\{\langle\mathbb{X}_u, \mathbb{X}_u\rangle\mathbb{X}_v - \langle\mathbb{X}_u, \mathbb{X}_v\rangle\mathbb{X}_u\right\}$$

$$= K\left(\mathbb{X}_u \wedge \mathbb{X}_v\right) \wedge \mathbb{X}_u.$$

从上述引理我们可以类似地得到

引理 2.11 设 $h: [0, l] \times (-\varepsilon, \varepsilon) \to S$ 是一个光滑映射, 令 $V(s, t), (s, t) \in [0, l] \times (-\varepsilon, \varepsilon)$ 是沿着 h 的一个向量场, 则

$$\frac{\mathrm{D}}{\partial t}\frac{\mathrm{D}}{\partial s}V - \frac{\mathrm{D}}{\partial s}\frac{\mathrm{D}}{\partial t}V = K(h(s,t))\left(\frac{\partial h}{\partial s} \wedge \frac{\partial h}{\partial t}\right) \wedge V.$$

我们来计算长度泛函在测地线定端变分下的二阶导数. 实际上, 由于考虑的是长度, 我们只需要考虑变分向量场和测地线切向量场垂直的那些定端变分, 被称为定端垂直变分.

命题 2.24(第二变分公式) 设 $h: [0, l] \times (-\epsilon, \epsilon) \to S$ 为测地线 $\gamma: [0, l] \to S$ 的一个定端垂直变分, V 为变分向量场, 记 $K(s) = K(\gamma(s))$ 为曲面的 Gauss 曲率在 γ 上的限制, 则

$$L''(0) = \int_0^l \left(\left|\frac{\mathrm{D}}{\partial s}V(s)\right|^2 - K(s)|V(s)|^2 \right) \mathrm{d}s. \tag{2.40}$$

证明 在命题 2.22 的证明中已经得到

$$L'(t) = \int_0^l \frac{\left\langle \frac{\mathrm{D}}{\partial s}\frac{\partial h}{\partial t}, \frac{\partial h}{\partial s} \right\rangle}{\left|\frac{\partial h}{\partial s}\right|} \mathrm{d}s.$$

进一步求导有

$$L''(t) = \int_0^l \frac{\left(\frac{\mathrm{d}}{\mathrm{d}t}\left\langle \frac{\mathrm{D}}{\partial s}\frac{\partial h}{\partial t}, \frac{\partial h}{\partial s} \right\rangle\right)\left|\frac{\partial h}{\partial s}\right|}{\left|\frac{\partial h}{\partial s}\right|^2} \mathrm{d}s - \int_0^l \frac{\left(\left\langle \frac{\mathrm{D}}{\partial s}\frac{\partial h}{\partial t}, \frac{\partial h}{\partial s} \right\rangle\right)^2}{\left|\frac{\partial h}{\partial s}\right|^{3/2}} \mathrm{d}s.$$

下面在 $t=0$ 时化简各项. 注意到 $\left\langle \dfrac{\partial h}{\partial s}(s,0), \dfrac{\partial h}{\partial t}(s,0) \right\rangle = 0$, $\dfrac{\mathrm{D}}{\mathrm{d}s}\dfrac{\partial h}{\partial s}(s,0) = 0$, 上式第二项的分子

$$\left\langle \frac{\mathrm{D}}{\partial s}\frac{\partial h}{\partial t}, \frac{\partial h}{\partial s} \right\rangle = \frac{\mathrm{d}}{\mathrm{d}s}\left\langle \frac{\partial h}{\partial t}, \frac{\partial h}{\partial s} \right\rangle - \left\langle \frac{\partial h}{\partial t}, \frac{\mathrm{D}}{\mathrm{d}s}\frac{\partial h}{\partial s} \right\rangle = 0,$$

所以

$$L''(0) = \int_0^l \frac{\mathrm{d}}{\mathrm{d}t}\left\langle \frac{\mathrm{D}}{\partial s}\frac{\partial h}{\partial t}, \frac{\partial h}{\partial s} \right\rangle \mathrm{d}s. \tag{2.41}$$

注意到

$$\begin{aligned}\frac{\mathrm{d}}{\mathrm{d}t}\left\langle \frac{\mathrm{D}}{\partial s}\frac{\partial h}{\partial t}, \frac{\partial h}{\partial s} \right\rangle &= \left\langle \frac{\mathrm{D}}{\partial t}\frac{\mathrm{D}}{\partial s}\frac{\partial h}{\partial t}, \frac{\partial h}{\partial s} \right\rangle + \left\langle \frac{\mathrm{D}}{\partial s}\frac{\partial h}{\partial t}, \frac{\mathrm{D}}{\partial t}\frac{\partial h}{\partial s} \right\rangle \\ &= \left\langle \frac{\mathrm{D}}{\partial t}\frac{\mathrm{D}}{\partial s}\frac{\partial h}{\partial t}, \frac{\partial h}{\partial s} \right\rangle - \left\langle \frac{\mathrm{D}}{\partial s}\frac{\mathrm{D}}{\partial t}\frac{\partial h}{\partial t}, \frac{\partial h}{\partial s} \right\rangle \\ &\quad + \left\langle \frac{\mathrm{D}}{\partial s}\frac{\mathrm{D}}{\partial t}\frac{\partial h}{\partial t}, \frac{\partial h}{\partial s} \right\rangle + \left| \frac{\mathrm{D}}{\partial s}\frac{\partial h}{\partial t} \right|^2. \end{aligned} \tag{2.42}$$

利用引理 2.11, 上式前两项可化简为

$$\left\langle \frac{\mathrm{D}}{\partial t}\frac{D}{\partial s}\frac{\partial h}{\partial t}, \frac{\partial h}{\partial s} \right\rangle - \left\langle \frac{D}{\partial s}\frac{D}{\partial t}\frac{\partial h}{\partial t}, \frac{\partial h}{\partial s} \right\rangle = K(s)\left\langle \left(\frac{\partial h}{\partial s} \wedge \frac{\partial h}{\partial t} \right) \wedge \frac{\partial h}{\partial t}, \frac{\partial h}{\partial s} \right\rangle$$

$$= -K(s)\left\langle |V(s)|^2 \frac{\partial h}{\partial s}, \frac{\partial h}{\partial s} \right\rangle = -K|V(s)|^2. \tag{2.43}$$

对于第三项, 根据 γ 为测地线知

$$\frac{\mathrm{d}}{\mathrm{d}s}\left\langle \frac{\mathrm{D}}{\partial t}\frac{\partial h}{\partial t}, \frac{\partial h}{\partial s} \right\rangle = \left\langle \frac{\mathrm{D}}{\partial s}\frac{\mathrm{D}}{\partial t}\frac{\partial h}{\partial t}, \frac{\partial h}{\partial s} \right\rangle. \tag{2.44}$$

将 (2.42)—(2.44) 式代入 (2.41) 式, 整理得到 (2.40) 式.

定理 2.20 的证明　根据 Hopf-Rinow 定理, 曲面 S 上的任意两点 p, q 均存在最短测地线相连. 为了证明 $\operatorname{diam}(S) \leqslant \dfrac{\pi}{\sqrt{\delta}}$, 我们用反证法, 假设存在一对点 $p, q \in S$, 使得连接它们的最短测地线 γ 满足 $\operatorname{length}(\gamma) = l > \dfrac{\pi}{\sqrt{\delta}}$, 我们将利用第二变分公式导出矛盾. 因为 γ 是连接 p, q 的最短测地线, 所以对 γ 的任一定端变分而言, 有 $L''(0) \geqslant 0$. 我们将构造一个定端垂直变分向量场, 使得 (2.40) 式右端严格小于零, 这样得到矛盾.

为此, 我们取一沿 $\gamma(s)$ 平行的单位向量场 $w(s)$, 满足 $\langle w(s), \gamma'(s) \rangle = 0, s \in [0, l]$. 令

$$V(s) = w(s)\sin\left(\frac{\pi}{l}s\right), \quad s \in [0, l].$$

显然 $V(0) = V(l) = 0$, 且 $\langle V(s), \gamma'(s)\rangle = 0, s \in [0, l]$, 所以 V 给出了 γ 一个垂直定端变分. 根据 (2.40) 式, 有

$$L''(0) = \int_0^l \left(\left|\frac{D}{\partial s}V(s)\right|^2 - K(s)|V(s)|^2\right)\mathrm{d}s.$$

因为 $w(s)$ 是平行向量场,

$$\frac{D}{\partial s}V(s) = \frac{\pi}{l}\cos\left(\frac{\pi}{l}s\right)w(s).$$

由于 $l > \pi/\sqrt{\delta}$, 所以 $K \geqslant \delta > \pi^2/l^2$, 因此

$$\begin{aligned}L''(0) &= \int_0^l \left(\frac{\pi^2}{l^2}\cos^2\left(\frac{\pi}{l}s\right) - K\sin^2\left(\frac{\pi}{l}s\right)\right)\mathrm{d}s \\ &< \int_0^l \frac{\pi^2}{l^2}\left(\cos^2\left(\frac{\pi}{l}s\right) - \sin^2\left(\frac{\pi}{l}s\right)\right)\mathrm{d}s \\ &= \frac{\pi^2}{l^2}\int_0^l \cos\frac{2\pi}{l}s\,\mathrm{d}s = 0.\end{aligned}$$

命题得证.

我们来说句 "事后诸葛亮" 的话: 之所以想到这样的变分向量场, 就是要和目标模型——Gauss 曲率 $\equiv K$ 的球面上连接南北极测地线的测地变分作比较. 这体现了微分几何中比较定理的**基本思想**: 找到标准模型, 然后进行比较.

最后我们引述一个完备非紧非负 Gauss 曲率曲面的结果作为本节的结束. 感兴趣的读者可以进一步阅读参考文献 [20].

定理 2.21 (Cohn-Vossen) 若完备非紧 Riemann 曲面 S 的 Gauss 曲率满足 $K \geqslant 0$, 则 S 或微分同胚于 $\mathbb{R}^2$, 或 Gauss 曲率恒为零.

2.9.2 非正曲率: Hadamard 定理

本节中, 我们考虑测地线的另一个特殊变分. 设 $\gamma(s)$ 为一条以弧长为参数的测地线, 若变分 h 满足对所有的 t, $h_t(s)$ 都是一条测地线, 则称其为 $\gamma(s)$ 的一个测地变分. 注意对于 $t \neq 0$, s 不一定是弧长参数.

定义 2.28 (Jacobi 场) 设 $h(s,t)$ 为 $\gamma(s)$ 的一个测地变分, 其变分向量场 $J(s) = \frac{\partial h}{\partial t}(s,0)$ 被称为一沿着 $\gamma(s)$ 的 **Jacobi 场**.

命题 2.25 设 $J(s)$ 是沿着 $\gamma : [0, l] \to S$ 的 Jabobi 场, 记 $K(s)$ 为曲面沿着 $\gamma(s)$ 的 Gauss 曲率, 则 $J(s)$ 满足以下方程 (**Jacobi 方程**)

$$\frac{\mathrm{D}}{\mathrm{d}s}\frac{\mathrm{D}}{\mathrm{d}s}J(s) + K(s)\left(\gamma'(s) \wedge J(s)\right) \wedge \gamma'(s) = 0. \tag{2.45}$$

证明 设 $h:[0,l]\times(-\varepsilon,\varepsilon)\to S$ 为一对应 $J(s)$ 的测地变分, 由于 h_t 都是测地线, 所以
$$\frac{\mathrm{D}}{\mathrm{d}s}\frac{\partial h(s,t)}{\partial s}=0,\quad \forall t\in(-\varepsilon,\varepsilon).$$
进而
$$\frac{\mathrm{D}}{\partial t}\frac{\mathrm{D}}{\partial s}\frac{\partial h}{\partial s}(s,t)=0,\quad (s,t)\in[0,l]\times(-\varepsilon,\varepsilon).$$
根据引理 2.11 有
$$\frac{\mathrm{D}}{\partial t}\frac{\mathrm{D}}{\partial s}\frac{\partial h}{\partial s}=\frac{\mathrm{D}}{\partial s}\frac{\mathrm{D}}{\partial t}\frac{\partial h}{\partial s}+K(s,t)\left(\frac{\partial h}{\partial s}\wedge\frac{\partial h}{\partial t}\right)\wedge\frac{\partial h}{\partial s}=0.$$
由于 $(\mathrm{D}/\partial t)(\partial h/\partial s)=(\mathrm{D}/\partial s)(\partial h/\partial t)$, 再在上式中取 $t=0$ 即得 (2.45) 式.

例题 2.25(Jacobi 场) 设 $\gamma:[0,l]\to S$ 为以弧长为参数的 S 上测地线, 记 $\gamma(0)=p$, 取 e_1,e_2 为 T_pS 的一组标准正交基, 将 $\{e_1,e_2\}$ 沿着 γ 平行移动, 所得记为 $\{e_1(s),e_2(s)\}$, 它们构成了 $T_{\gamma(s)}S\,(\forall s\in[0,l])$ 的一组标准正交基. 若 $J(s)$ 为沿着 $\gamma(s)$ 的 Jacobi 场, 可以假设 $J(s)=a_1(s)e_1(s)+a_2(s)e_2(s)$, 则
$$\frac{\mathrm{D}}{\partial s}J=a_1'e_1+a_2'e_2,$$
$$\frac{\mathrm{D}}{\partial s}\frac{\mathrm{D}}{\partial s}J=a_1''e_1+a_2''e_2.$$
另一方面, 假设
$$(\gamma'\wedge J)\wedge\gamma'=\lambda_1 e_1+\lambda_2 e_2,$$
那么
$$\lambda_1 e_1+\lambda_2 e_2=(\gamma'\wedge(a_1 e_1+a_2 e_2))\wedge\gamma'$$
$$=a_1(\gamma'\wedge e_1)\wedge\gamma'+a_2(\gamma'\wedge e_2)\wedge\gamma'.$$
如果令 $\langle(\gamma'\wedge e_i)\wedge\gamma',e_j\rangle=\alpha_{ij},i,j=1,2$, 就有
$$\lambda_1=a_1\alpha_{11}+a_2\alpha_{21},\quad \lambda_2=a_1\alpha_{12}+a_2\alpha_{22}.$$
(2.45) 式就化为
$$\begin{cases} a_1''(s)+K(s)\left(\alpha_{11}(s)a_1(s)+\alpha_{21}(s)a_2(s)\right)=0,\\ a_2''(s)+K(s)\left(\alpha_{12}(s)a_1(s)+\alpha_{22}(s)a_2(s)\right)=0. \end{cases}$$
所以 (2.45) 式实际上是一个二阶线性常微分方程组, 其在 $[0,l]$ 上的解由初值 $J(0)=(a_1(0),a_2(0))$, $\dfrac{\mathrm{D}J}{\mathrm{d}s}(0)=(a_1'(0),a_2'(0))$ 完全决定, 即解空间为一个四维线性空间.

我们再建立两个关于 Jacobi 场非常有用的命题.

命题 2.26 设 J_1, J_2 为两个沿着 $\gamma(s)$ 的 Jacobi 场, 则

$$\left\langle \frac{\mathrm{D}J_1}{\mathrm{d}s}, J_2(s) \right\rangle - \left\langle J_1(s), \frac{\mathrm{D}J_2}{\mathrm{d}s} \right\rangle = \text{常数}.$$

证明

$$\frac{\mathrm{d}}{\mathrm{d}s}\left(\left\langle \frac{\mathrm{D}J_1}{\mathrm{d}s}, J_2(s) \right\rangle - \left\langle J_1(s), \frac{\mathrm{D}J_2}{\mathrm{d}s} \right\rangle \right)$$

$$= \left\langle \frac{\mathrm{D}}{\mathrm{d}s}\frac{\mathrm{D}J_1}{\mathrm{d}s}, J_2(s) \right\rangle - \left\langle J_1(s), \frac{\mathrm{D}}{\mathrm{d}s}\frac{\mathrm{D}J_2}{\mathrm{d}s} \right\rangle$$

$$= -K\left\{ \langle (\gamma' \wedge J_1) \wedge \gamma', J_2 \rangle - \langle (\gamma' \wedge J_2) \wedge \gamma', J_1 \rangle \right\} = 0.$$

命题 2.27 设 $J(s), s \in [0, l]$ 为一沿着 $\gamma(s)$ 的 Jacobi 场, 满足

$$\langle J(s_1), \gamma'(s_1) \rangle = \langle J(s_2), \gamma'(s_2) \rangle = 0, \quad s_1 < s_2 \in [0, l].$$

则有

$$\langle J(s), \gamma'(s) \rangle = 0, \quad \forall s \in [0, l].$$

证明 注意到 $\gamma'(s)$ 也是一个 Jacobi 场, 且 $\frac{\mathrm{D}\gamma'(s)}{\mathrm{d}s} = 0$, 所以根据命题 2.26 有

$$\left\langle \frac{\mathrm{D}J(s)}{\mathrm{d}s}, \gamma'(s) \right\rangle = \text{常数} = A.$$

进而

$$\frac{\mathrm{d}}{\mathrm{d}s}\langle J(s), \gamma'(s) \rangle = \left\langle \frac{\mathrm{D}J}{\mathrm{d}s}, \gamma'(s) \right\rangle = A,$$

于是

$$\langle J(s), \gamma'(s) \rangle = As + B,$$

根据假设, 上述线性函数有两个零点, 所以恒为零.

我们可以通过 Jacobi 场来更深入了解指数映射. 建立联系的关键是下述引理.

引理 2.12 取定 $p \in S$, 以及 $v, w \in T_pS$, 满足 $|v| = 1$. 令

$$\gamma(s) = \exp_p(sv), \quad s \in [0, l],$$

则下述向量场

$$J(s) = s\left(\mathrm{d}\exp_p\right)_{sv}(w), \quad s \in (0, l],$$

是一个沿着 $\gamma(s)$ 的 Jacobi 场, 并且满足 $J(0) = 0, \frac{\mathrm{D}J}{\mathrm{d}s}(0) = w$.

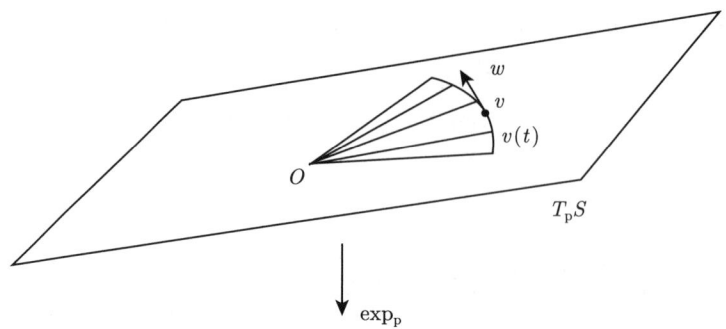

证明 取 $v(t):(-\varepsilon,\varepsilon)\to T_pS$ 满足 $v(0)=v,v'(0)=w$. 考虑映射

$$h(s,t)=\exp_p(sv(t)),\quad t\in(-\varepsilon,\varepsilon), s\in[0,l].$$

显见这是一个光滑映射, 且 $s\to h_t(s)=h(s,t)$ 都是测地线, 所以 $h(s,t)$ 恰为 $\gamma(s)$ 的一个测地变分. 我们断言 h 的变分向量场就是 $J(s)$. 实际上, 为了计算 $\dfrac{\partial h}{\partial t}(s_0,0)$, 我们可考虑切空间中曲线 $t\to s_0v(t)$, 该曲线在 $t=0$ 处的切向量就是 s_0w. 根据切映射的定义就有

$$\frac{\partial h}{\partial t}(s_0,0)=(\mathrm{d}\exp_p)_{s_0v}(s_0w)=s_0(\mathrm{d}\exp_p)_{s_0v}(w).$$

显然根据定义 $J(0)=0$, 而

$$\frac{\mathrm{D}}{\partial s}s(\mathrm{d}\exp_p)_{sv}(w)=(\mathrm{d}\exp_p)_{sv}(w)+s\frac{\mathrm{D}}{\partial s}(\mathrm{d}\exp_p)_{sv}(w),$$

令 $s=0$, 立得 $\dfrac{\mathrm{D}J}{\mathrm{d}s}(0)=w$.

定义 2.29(共轭点) 设 $\gamma:[0,l]\to S$ 为连接 p,q 的测地线, 如果存在沿着 $\gamma(s)$ 的非零 Jacobi 场满足 $J(0)=J(l)=0$, 则称 p,q 沿着 γ **共轭**, 或者 q 为 p 沿着 γ 的**共轭点**.

对于完备曲面, 我们知道指数映射 $\exp_p:T_pS\to S$ 是一个光滑映射, 并且在切平面的原点附近是一个微分同胚. 一个自然的问题是, 何时指数映射总是局部微分同胚? 何时是整体微分同胚? 第一个问题的回答相对简单, 只要指数映射没有临界点, 那么根据反函数定理, 它就是局部微分同胚. 下面的引理表明指数映射的临界点和共轭点有密切联系.

引理 2.13 设 $\gamma(s)=\exp_p(sv)$ 为连接 p,q 的测地线, 设 $\gamma(l)=q$, 则 q 为 p 沿着 $\gamma(s)$ 共轭点当且仅当 lv 是 $\exp_p$ 的临界点.

证明 如果 $v\in T_pS$ 是 $\exp_p$ 的临界点, 则存在非零向量 w, 使得

$$(\mathrm{d}\exp_p)_v(w)=0.$$

取 $v:(-\varepsilon,\varepsilon)\to T_pS$ 满足 $v(0)=v,v'(0)=w$, 则测地变分

$$h(s,t)=\exp_p(sv(t)),\quad (s,t)\in[0,l]\times(-\varepsilon,\varepsilon)$$

的变分向量场 $J(s)$ 就是一个非零 Jacobi 场, 且满足 $J(0) = 0, J(l) = (\mathrm{d}\exp_p)_v(w) = 0$.

反之, 如果 q 为 p 沿着 $\gamma(s)$ 的共轭点. 不妨设 $q = \exp_p(lv)$, 其中 $v \in T_pS$ 是一个单位向量. 则存在 Jacobi 场 $J(s) : s \in [0,l]$, 满足 $J(0) = J(l) = 0$. 由于 $J(s)$ 非零, 则 $\dfrac{\mathrm{D}J}{\mathrm{d}s}(0) = w \neq 0$(否则由 Jacobi 场由初值唯一决定就得 $J \equiv 0$). 选取 $v : (-\varepsilon, \varepsilon) \to T_pS$ 满足 $v(0) = v, v'(0) = \dfrac{w}{l}$, 记测地变分

$$h(s, t) = \exp_p(sv(t)), \quad (s, t) \in [0, l] \times (-\varepsilon, \varepsilon)$$

的变分向量场为 $\bar{J}(s)$. 这样 $\bar{J}(0) = J(0) = 0, \dfrac{\mathrm{D}\bar{J}}{\mathrm{d}s}(0) = w$, 所以 $\bar{J}(s) = J(s), \forall s \in [0, l]$, 所以 $0 = J(l) = \bar{J}(l) = l(\mathrm{d}\exp_p)_v\left(\dfrac{w}{l}\right)$, 这说明 v 是 $\exp_p$ 的临界点.

从直观上看, $h(s, t) = \exp_p(sv(t))$ 这族测地线变分的散开程度可以通过其 Jaboci 场的长度来表征, 而 (2.45) 式是 Jacobi 场所满足的方程, 其中蕴涵 Gauss 曲率项, 所以 Gauss 曲率的符号直接影响了测地线的散开程度.

定理 2.22 若完备 Riemann 曲面 S 的 Gauss 曲率满足 $K \leqslant 0$, 则任一点 p 没有共轭点.

证明 取定 $p \in S$, 设 $\gamma(s) : [0, l] \to S$ 为从 p 出发的测地线, 假设 $q = \gamma(l)$ 为一共轭点, 就有 $J(s)$ 为一 Jacobi 场, 且满足 $J(0) = J(l) = 0$. 这样 $\langle J(s), \gamma'(s) \rangle = 0$, 所以 (2.45) 式两边和 $J(s)$ 内积, 就得到

$$\left\langle \frac{\mathrm{D}}{\mathrm{d}s}\frac{\mathrm{D}J}{\mathrm{d}s}, J \right\rangle = -K\langle J, J \rangle \geqslant 0.$$

进而

$$\frac{\mathrm{d}}{\mathrm{d}s}\left\langle \frac{\mathrm{D}J}{\mathrm{d}s}, J \right\rangle = \left\langle \frac{\mathrm{D}}{\mathrm{d}s}\frac{\mathrm{D}J}{\mathrm{d}s}, J \right\rangle + \left\langle \frac{\mathrm{D}J}{\mathrm{d}s}, \frac{\mathrm{D}J}{\mathrm{d}s} \right\rangle \geqslant 0.$$

由于函数 $\left\langle \dfrac{\mathrm{D}J}{\mathrm{d}s}, J \right\rangle$ 在 $s = 0, l$ 处均为零, 所以

$$\left\langle \frac{\mathrm{D}J}{\mathrm{d}s}, J \right\rangle \equiv 0.$$

这样根据

$$\frac{\mathrm{d}}{\mathrm{d}s}\langle J, J \rangle = 2\left\langle \frac{\mathrm{D}J}{\mathrm{d}s}, J \right\rangle = 0,$$

又进一步得出 $|J(s)| \equiv$ 常数. 而 $J(0) = 0$, 所以 $J(s) \equiv 0$, 这和 $J(s)$ 是一个非零 Jacobi 场矛盾.

那么由引理 2.13 和定理 2.22 以及反函数定理立知

定理 2.23 若完备 Riemann 曲面 S 的 Gauss 曲率满足 $K \leqslant 0$, 则任一点的指数映射 $\exp_p : T_pS \to S$ 是一个局部微分同胚.

定理 2.24 (Hadamard) 若完备单连通 Riemann 曲面 S 的 Gauss 曲率满足 $K \leqslant 0$, 则任一点的指数映射 $\exp_p : T_pS \to S$ 是一个整体微分同胚, 特别地, S 微分同胚于 $\mathbb{R}^2$.

证明 因为 S 是完备的, $\exp_p : T_pS \to S$ 是一个局部微分同胚且满射, 可以将 S 上的度量 g 拉回到 T_pS 上, 记为 g^*, 这样 $\exp_p$ 便是一个局部等距. 而这个度量是完备的 (见本章习题 39), 所以根据引理 2.4 知, $\exp_p$ 是一个覆盖映射, 由于 S 本身是单连通的, 所以该覆盖映射就是一重的, 也就是一个整体微分同胚.

第二章练习

1. 对 Riemann 曲面 (S,g) 做一伸缩变换, $\tilde{g} = \lambda^2 g$, 证明: $\tilde{K} = \dfrac{1}{\lambda^2} K$.

2. (共形等价) 对于微分同胚 $\varphi : S \to \bar{S}$, 如果对 $p \in S$ 及 $v_1, v_2 \in T_pS$, 存在 S 上一个正的光滑函数 $\lambda(p)$, 使得

$$((\mathrm{d}\varphi)_p(v_1), (\mathrm{d}\varphi_2)_p(v_2)) = \lambda^2(p)(v_1, v_2),$$

就称 φ 为一个共形映射 (如果两个曲面间存在共形映射, 就称它们是共形等价的). 证明: 共形映射是保角映射, 也就是

$$\angle(v_1, v_2) = \angle(\mathrm{d}\varphi_p(v_1), \mathrm{d}\varphi_p(v_2)).$$

3. 设 $X : \Omega \to S$ 为曲面的一个等温参数化, 也就是第一基本形式形如 $E = G = \lambda(u,v) > 0, F \equiv 0$, 证明: 该参数化保持角度, 也就是任取 Ω 中两条相交曲线 γ_1, γ_2, 令 $\beta_i = X \circ \gamma_i, i = 1, 2$ 为曲面 S 上两条相应的曲线, 则他们的夹角和 γ_1, γ_2 的夹角相同.

4. 证明: $\mathbb{R}^2 \setminus 0$ 和圆柱面共形等价.

5. 单位球面有一个如下的参数化 $X(\theta, \varphi) = (\sin\theta\cos\varphi, \sin\theta\sin\varphi, \cos\theta)$ $(0 < \theta < \pi, 0 < \varphi < 2\pi.)$ 引入变换 $\ln\tan\dfrac{\theta}{2} = u, \varphi = v$, 证明: $Y(\theta(u,v), \varphi(u,v))$ 是一个共形映射. 该映射的逆映射将纬线和经线映成平面中的直线, 被称为 Mercator (墨卡托) 投影. 这是常用的绘制世界地图的方法. 该方法绘制出的世界地图可以大致保持形状, 但靠近南北极区域面积会显著增加, 这也是为什么格陵兰岛在地图上比真实要大很多.

6. 验证由 (2.7) 式定义的协变导数和局部参数化的选取无关.

7. 设两个参数曲面 S_1, S_2 的第一基本形式系数分别为 $E(u,v) = 1, F(u,v) = 0, G(u,v) = 1+u^2$, 以及 $\bar{E}(x,y) = \dfrac{x^2}{x^2-1}, \bar{F}(x,y) = 0, \bar{G}(x,y) = x^2$. 这两个参数曲面是否等距?

8. 设 $U \subset \mathbb{R}^2$ 在极坐标 (ρ, θ) 下为

$$0 < \rho < \infty, \quad 0 < \theta < 2\pi \sin \alpha.$$

令 $f : U \to \mathbb{R}^3$ 为

$$f(\rho, \theta) = \left(\rho \sin \alpha \cos \left(\frac{\theta}{\sin \alpha} \right), \rho \sin \alpha \sin \left(\frac{\theta}{\sin \alpha} \right), \rho \cos \alpha \right).$$

证明: f 是从 U 到 $f(U)$ 的等距映射.

9. 试找到一参数曲面 $\mathbb{X}(u, v)$ 使得其第一基本形式和第二基本形式的系数恰为

$$E(u, v) = 1 + u^2, \quad F(u, v) = 0, \quad G(u, v) = u^2;$$

$$e(u, v) = \frac{1}{\sqrt{1 + u^2}}, \quad f(u, v) = 0, \quad g(u, v) = \frac{u^2}{\sqrt{1 + u^2}}.$$

10. 证明: 不存在参数曲面 $\mathbb{X}(u, v)$ 使得其第一基本形式和第二基本形式的系数分别为 $E = G = 1, F = 0$ 以及 $e = 1, g = -1, f = 0$.

11. 证明: 在正则光滑曲面 S 上, 如果两个主曲率都是常数, 且 $k_1 \neq k_2$, 其中一个主曲率必恒为零.

12. 证明: 两个主曲率均为常数的完备正则光滑曲面 S 必为平面、球面、圆柱面三者之一.

13. 设 $\alpha : I \to \mathbb{R}^3$ 为一条曲率不为零的曲线, s 为弧长参数, $b(s)$ 是从法向量. 考虑参数曲面

$$\mathbb{X}(s, v) = \alpha(s) + v b(s), \quad s \in I, v \in (-\varepsilon, \varepsilon),$$

证明: $\alpha(s)$ 是其上一条测地线.

14. 将 $(x - a)^2 + z^2 = r^2$ 绕 z 轴旋转一圈得到一个环面 $(a > r > 0)$, 计算将点 (a, r) 旋转一圈所得曲线的测地曲率. 取外法向量.

15. (测地线)

(1) 证明: 螺旋线 $\alpha(t) = (\cos t, \sin t, t)$ 是柱面 $x^2 + y^2 = 1$ 上的测地线.

(2) 证明: 若一正则曲面 $S \subset \mathbb{R}^3$ 关于 $x - y$ 平面反射对称, 且 $S \cap \{z = 0\}$ 是一条光滑曲线, 则它是 S 上的测地线.

16. 证明: 若正则曲面 S 上所有的测地线都是平面曲线, S 必为平面或者球面的一部分.

17. (Liebmann 引理) 设 $f : \Omega \subset \mathbb{R}^2 \to \mathbb{R}$ 是一个定义在开集 Ω 上的光滑凸函数, 假设 $\gamma(t) = (x(t), y(t), z(t))$ 为 f 图像曲面上的一条测地线, 证明: $z''(t) \geq 0$.

18. 证明: 局部等距映射必将测地线映为测地线.

19. 一个参数化 $X: U \to \mathbb{R}^3$ 称为正交参数化如果 $F \equiv 0$, 在此参数化下计算 Γ_{ij}^k 并证明
$$K = -\frac{1}{2\sqrt{EG}}\left\{\left(\frac{E_v}{\sqrt{EG}}\right)_v + \left(\frac{G_u}{\sqrt{EG}}\right)_u\right\}.$$

20. 利用 Gauss 公式推导在等温参数化下 ($E = G = \lambda > 0$, $F \equiv 0$) 的 Gauss 曲率为
$$K = -\frac{1}{2\lambda}\Delta(\ln\lambda).$$

21. 设 $X(u, v)$ 为一个等温参数化 ($E = G = \lambda(u, v) > 0$, $F \equiv 0$), 证明: 其上一以弧长为参数的曲线 $\alpha(s) = X(u(s), v(s))$ 的测地曲率 $k_g(s)$ 为
$$k_g(s) = \frac{1}{2\lambda}(\lambda_u v'(s) - \lambda_v u'(s)) + \varphi'(s),$$
其中 $\varphi(s)$ 是从 X_u 到 $\alpha'(s)$ 的正向夹角.

22. 给球面如下的参数化: $\mathbb{X}(u, v) = (a\cos u\cos v, a\cos u\sin v, a\sin u)$, 设 $\alpha(s) = \mathbb{X}(u(s), v(s))$ 为球面上以弧长为参数的曲线, $\theta(s)$ 为曲线和经线 (u-曲线) 之间的夹角. 球面法向取为外法向. 证明: α 的测地曲率为
$$k_g = \theta'(s) - \sin(u(s))v'(s).$$

23. 设 g 为平面上一整体共形于欧氏度量的度量, 即其第一基本形式系数可以表为 $E(x, y) = G(x, y) = \mathrm{e}^{2u(x,y)} > 0, F(x, y) \equiv 0$, 设 α 为平面上逆时针走向的简单闭曲线, 其围成区域的外法向记为 n, 该曲线关于欧氏度量的测地曲率记为 k_0. 证明: 该曲线关于度量 g 的测地曲率 k_g 满足
$$k_g\mathrm{e}^u = \frac{\partial u}{\partial n} + k_0.$$

24. 证明: 不存在共形于 $\mathbb{R}^2$ 的度量, 其 Gauss 曲率 $K \equiv -1$. (假设该共形度量的第一基本形式系数为 $E = G = \mathrm{e}^{2u}$, 则该题等价于证明 $\Delta u = \mathrm{e}^{2u}$ 在 $\mathbb{R}^2$ 上没有整体解.)

25. 设 S 是一个可定向完备非紧曲面, 其 Gauss 曲率处处为正, 证明: S 的 Gauss 映射像落在一个半球内, 由此得出
$$\int_S K\mathrm{d}\sigma \leqslant 2\pi.$$

26. 设 $S \subset \mathbb{R}^3$ 为一紧致无边曲面, 证明:
$$\int_S |K|\mathrm{d}\sigma \geqslant 2\pi(4 - \chi(S)),$$
试找一个非凸闭曲面使上式取到等号.

27. (1) 令 S 为单叶双曲面 $x^2 + y^2 - z^2 = 1$, 试计算其 Gauss 曲率.

(2) 证明: $x^2 + y^2 = 1, z = 0$ 是 S 上的一条简单闭测地线.

(3) S 上还有其他简单闭测地线吗? 给出你的理由.

28. 试给环面一个三角剖分, 并计算其 Euler 示性数. 给 Klein 瓶一个三角剖分, 并计算其 Euler 示性数.

29. (Willmore 不等式) 设 $S \subset \mathbb{R}^2$ 为一紧致无边封闭曲面, 且 S 同胚与球面, 证明: $\int_S H^2 \mathrm{d}\sigma \geqslant 4\pi$, 并分析等号成立的情况.

30. (覆盖映射) 证明: 如果 $f: S_1 \mapsto S_2$ 为两曲面之间的映射, 满足

(1) S_1 是紧集;

(2) f 是局部微分同胚, 且满射,

则 f 是一个覆盖映射.

31. (测地圆周的局部等周不等式) 记 $S_r(p)$ 为曲面 S 上以 p 为心, r 为半径的测地圆周. 设 L 为其长度, A 为 $S_r(p)$ 围成的面积. 证明:

$$4\pi A - L^2 = \pi^2 r^4 K(p) + o(r^4).$$

32. 证明: 在测地极坐标 ($(E = 1, F = 0)$) 下的测地线方程为

$$\rho'' - \frac{1}{2} G_\rho \left(\theta'\right)^2 = 0,$$

$$\theta'' + \frac{G_\rho}{G} \rho'\theta' + \frac{1}{2} \frac{G_\theta}{G} \left(\theta'\right)^2 = 0.$$

33. 证明: 在测地欧氏坐标下, 第一基本形式在 $u = 0, v = 0$ 处有如下 Taylor 展开:

$$E(u,v) = 1 - \frac{1}{3} K(0,0) v^2 + o(u^2 + v^2),$$

$$F(u,v) = \frac{1}{3} K(0,0) uv + o(u^2 + v^2),$$

$$G(u,v) = 1 - \frac{1}{3} K(0,0) v^2 + o(u^2 + v^2).$$

34. 建立双曲空间的平面模型和上半平面模型的之间一个显式的等距同构.

35. 在双曲空间的平面模型中, 证明: $v = $ 常数是测地线, 且该测地线在上半平面上对应于竖直的直线.

36. 如果映射 $\alpha: [0, \infty) \to S$ 满足对任给的紧集 $K \subset S$ 都有 $t_0 \in (0, \infty)$, 使得 $\alpha(t) \notin K, t > t_0$, 则称 α 为 S 上一条发散曲线. 其长度定义为

$$\lim_{t \to \infty} \int_0^t |\alpha'(t)| \, \mathrm{d}t.$$

证明: $S \subset R^3$ 是完备的当且仅当其上每条发散射线长度是无穷.

37. 在上半平面中引入度量 g, 使得

$$g(\partial_x, \partial_x) = E(x,y) = 1, g(\partial_x, \partial_y) = F(x,y) = 0, g(\partial_y, \partial_y) = G(x,y) = \frac{1}{y}.$$

证明: 该度量不完备.

38. 设 $\Omega \subset \mathbb{S}^2$ 为一闭集, $\mathbb{S}^2$ 上的距离由其曲线长度诱导, 定义 $d(p, \Omega) = \inf\limits_{x \in \Omega} d(p, x)$, 证明: 上确界 $\sup\limits_{x \in \mathbb{S}^2(1)} d(x, \Omega)$ 可以由某点实现. (把 Ω 看出地球上的陆地, 那么这个实现上确界的点是地球上到最近陆地距离最远的点, 被称为 Nemo 点.)

39. 设 (S, g) 是一个完备的抽象 Riemann 曲面, 如果 $\exp_p : T_p S \to S$ 是一个局部微分同胚, 记 g^* 为通过 $\exp_p$ 将 g 拉回到 $T_p S$ 的度量, 证明: g^* 是完备的.

40. 如果测地线 $\gamma : [0, \infty) \to S$ 对任意 s 来说都是连接 $\gamma(0)$ 和 $\gamma(s)$ 的最短测地线, 则称其为**测地射线**. 证明: 如果 (S, g) 为一个完备非紧 Riemann 曲面, 其上过任一点 p 都存在测地射线.

41. (Minkowski 公式) 设 $S \subset \mathbb{R}^3$ 为一紧致无边光滑曲面, $n(x)$ 为 S 的外法向量场, $f := x \cdot n(x)$ 称为 S 的支撑函数, 记 H, K 分别为曲面的平均曲率 (关于外法向量 n) 和 Gauss 曲率. 证明:

(1) $\int_S 1 \mathrm{d}\sigma = \int_S H f \mathrm{d}\sigma$;

(2) $\int_S H \mathrm{d}\sigma = \int_S K f \mathrm{d}\sigma$.

42. 试利用上述 Minkowski 公式给 Liebmann 定理一个新的证明, 即 Gauss 曲率为常数的紧致无边曲面等距于球面.

43. (面积的第一变分) 设 S 为 $\mathbb{R}^3$ 中一正则闭曲面, 考虑其向外法方向的平行曲面: $S_t : \mathbb{X} + tn(\mathbb{X})$, 其中 $\mathbb{X}$ 代表 S 的位置向量, $n(\mathbb{X})$ 表示其外法向. 令 $A(t) = \text{Area}(S_t)$, 证明: $A'(0) = -2 \int_S H \mathrm{d}\sigma$, 其中 H 是 S 按朝外法向的平均曲率. $\Big($例: 设 S 是半径为 r 的球面, 外平行曲面 S_t 即为半径为 $r+t$ 的球面, 这样 $A(t) = 4\pi(r+t)^2$, $A'(0) = 8\pi r$, 而此时 $H = -\frac{1}{r}$, 所以 $A'(0) = -2 \int_S H \mathrm{d}\sigma$ 确实成立. $\Big)$

44. (极小曲面)

(1) 假设 $\mathbb{X}(u, v)$ 是一个参数曲面且 $\mathbb{X}$ 是等温参数化, $E(u,v) = G(u,v) = \lambda(u,v) > 0, F(u,v) \equiv 0$, 证明:

$$\mathbb{X}_{uu} + \mathbb{X}_{vv} = 2\lambda H n.$$

其中 n 为选定的单位法向量场, H 为关于 n 的平均曲率.

(2) 如果正则光滑曲面 $S \subset \mathbb{R}^3$ 的平均曲率恒为零, 就称其为极小曲面. 由上题知, 在等温参数化下, S 为极小曲面当且仅当相应的坐标函数是调和函数, 即满足 $\Delta(f) :=$

$$\left(\frac{\partial^2}{\partial u^2}+\frac{\partial^2}{\partial v^2}\right)(f)=0.$$ 利用此验证

$$\mathbb{X}(u,v)=(a\cosh v\cos u, a\cosh v\sin u, av) \quad (0<u<2\pi, -\infty<v<\infty)$$

是一个极小曲面.

45. (Scherk 曲面) 设 $z=f(x)+g(y)$ 为极小曲面, 证明: 在相差一个常数的意义下, $az=\ln\dfrac{\cos(ay)}{\cos(ax)}$.

46. (Kazdan-Warner) 在 $\mathbb{R}^2$ 上引入度量 g, 满足

$$g(\partial_x,\partial_x)=E(x,y)=1, \quad g(\partial_x,\partial_y)=F(x,y)=0, \quad g(\partial_y,\partial_y)=G(x,y)>0.$$

(1) 证明: 该度量的 Gauss 曲率满足

$$\frac{\partial^2\sqrt{G}}{\partial x^2}+K(x,y)\sqrt{G}=0.$$

(2) 反之, 任给一个 $\mathbb{R}^2$ 上的光滑函数 $K(x,y)$, 视 y 为参数, 令 $\sqrt{G}$ 为上述方程关于初值

$$\sqrt{G}(x_0,y)=1, \quad \frac{\partial\sqrt{G}}{\partial x}(x_0,y)=0$$

的解. 证明: $\sqrt{G}$ 在 (x_0,y) 的一个邻域内是正的. 因此任意函数局部上总可以成为某个度量的 Gauss 曲率.

47. 设 S 是一个完备曲面其 Gauss 曲率满足 $K\geqslant\delta>0$, 证明: 任一测地线 $\gamma:[0,\infty)\to S$ 在 $\left(0,\dfrac{\pi}{\sqrt{\delta}}\right]$ 内必有一个和 $\gamma(0)$ 共轭的点.

48. (Jacobi) 若 $\alpha:I\to\mathbb{R}^3$ 是一条曲率处处非零的闭曲线, 如果其法向量曲线 $n:I\to\mathbb{S}^2$ 是简单的, 则一定将单位球面分成面积相同的两部分. (提示: 试计算 $n:I\to\mathbb{S}^2$ 作为球面曲线的测地曲率, 再运用 Gauss-Bonnet 公式.)

49. (Hamilton) 设 $S\subset\mathbb{R}^2$ 是一个平均曲率严格大于零的完备凸曲面, 两个主曲率约定为 $\kappa_1\geqslant\kappa_2\geqslant 0$, 如果存在常数 $c>0$, 使得 $\kappa_2(p)\geqslant c\kappa_1(p)\geqslant 0, \forall p\in S$, 证明: S 必为紧致曲面.

第三章

光滑流形

> 知道"是什么"只是表象,明白"为什么"才是本质.
>
> ——E. Witten

在前两章中,我们系统地介绍了曲面的外蕴和内蕴几何学. 本章我们将遵循 1854 年 Riemann 在就职演说中的想法,将内蕴几何学的研究从二维推广到高维. 这背后大致有两个步骤: 第一步是建立抽象曲面的高维推广——流形; 第二步是在流形切空间引入度量进一步研究曲率. 在本章中我们只能完成第一步, 作流形理论的初步介绍. 本章的最终目标是通过流形上的微分形式反映流形的整体拓扑性质. 第二步就留给 Riemann 几何课程了.

3.1 流形

首先我们回忆什么叫拓扑空间. 一个拓扑空间是指一个集合 X 及其上指定的一个子集族 $\mathcal{T}$, 该子集族的元素关于有限交和任意并的运算是封闭的. $\mathcal{T}$ 中的元素称为 X 的开集. 最典型的例子就是欧氏空间, 并带有欧氏距离诱导的拓扑: 记以 x 为心 r 为半径的开球为 $B_x(r)$, 则欧氏空间一个子集 A 为开集当且仅当 $\forall x \in A$, 存在 $r > 0$ 使得 $B_x(r) \subset A$.

拓扑流形的定义如下:

定义 3.1 如果一拓扑空间 M 满足:

(1) Hausdorff, 即 $\forall p, q \in M$, 存在各自的邻域 $p \in U, q \in V$ 满足 $U \cap V = \varnothing$;

(2) 第二可数, 即存在可数多个开集构成拓扑基;

(3) 局部欧氏, 即 $\forall p \in M, \exists$ 其邻域 U 同胚于 $\mathbb{R}^n$ 中一开集 V (同胚映射 $\varphi: U \to V \subset \mathbb{R}^n$ 赋予每个点 $q \in U$ 以 $\mathbb{R}^n$ 坐标 $\varphi(q) = (x_1(q), \cdots, x_n(q))$, 称其为 M 的一个**局部坐标卡**),

则称 M 为一个 n **维拓扑流形**.

粗略地说, 流形就是将欧氏空间的开集连续拼接得到的空间. 在拓扑流形上, 可以合理定义和连续有关的概念. 为了进一步定义可微的概念, 我们需要假定转移函数的光滑性, 这就得到了光滑流形.

定义 3.2 设 M 为一个拓扑流形, 设两个局部坐标卡 $U_1 \cap U_2 \neq \varnothing$, 如果**转移函数**

$$\varphi_1 \circ \varphi_2^{-1}: \varphi_2(U_1 \cap U_2) \to \varphi_1(U_1 \cap U_2),$$

$$\varphi_2 \circ \varphi_1^{-1}: \varphi_1(U_1 \cap U_2) \to \varphi_2(U_1 \cap U_2),$$

均为光滑 (C^k, 解析) 函数, 则称两个局部坐标卡 $(U_1, \varphi_1), (U_2, \varphi_2)$ 是 $C^\infty(C^k$, 解析) 兼容的.

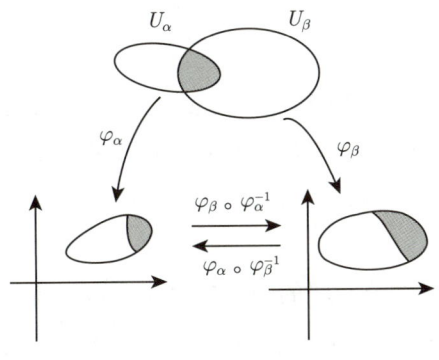

坐标卡和转移函数

定义 3.3　流形 M 上的坐标卡族 $\{(U_\alpha, \varphi_\alpha)\}$, 如果其中任意两个坐标卡都是光滑兼容的, 且 $\bigcup U_\alpha \supset M$, 则称其为流形 M 的一个**图册**. 如果图册中包含了所有和图册中坐标卡光滑兼容的坐标卡, 就称这个图册为**极大图册**. 一个配备了极大光滑图册的拓扑流形称为**光滑流形**.

一个极大光滑图册也被称为流形上的一个**光滑结构**. 自 20 世纪 50 年代起关于流形上光滑结构的研究波澜壮阔, Milnor 在 1956 年发现一个七维怪球 (exotic sphere), 其上存在和标准光滑结构不兼容的光滑结构. Kervaire 于 1961 年发现了一个 10 维拓扑流形其上不存在光滑结构. 至 20 世纪 80 年代, Freedman 和 Donaldson 的工作表明四维拓扑流形上的光滑结构是一个特别诡谲的世界. 基于他们的工作, Taubes 证明 $\mathbb{R}^4$ 上存在不可数多个光滑结构. 近几年, 我国青年学者王国祯和徐宙利在球面稳定同伦群计算的问题上取得了重要的突破. 他们的工作表明奇数维球面中只有一维、三维、五维和六十一维具有唯一的光滑结构.

作为光滑流形, 其上的对象可以合理定义光滑性.

定义 3.4 (光滑函数)　设 $f: M \to \mathbb{R}$ 为一函数, 如果对任意包含 p 点的坐标卡 (U, φ), $f \circ \varphi^{-1}$ 在 $\varphi(p)$ 处光滑, 则称 f 在 p 点**光滑**, 处处光滑的函数称为流形 M 上的光滑函数, 其全体记为 $C^\infty(M)$.

定义 3.5 (光滑映射)　令 $f: M \to N$ 为两个流形间的映射, 记 $q = f(p)$, 如果对包含 p, q 的任意两个局部坐标卡 $(U, \varphi), (V, \psi)$, 有 $\psi \circ f \circ \varphi^{-1}$ 在 $\varphi(p)$ 处光滑, 则称 f 在 p 处光滑, 在每点光滑的映射称为流形间的**光滑映射**.

注　其实上述定义并不陌生, 在曲面的讨论中也见到过. 我们强调这背后的一个原则: 流形上任何对象的光滑性都需要按其在局部坐标卡下的 "解读" 来定义. 好在所有的转移函数都是光滑的, 所以这种光滑性不依赖于特定坐标卡的 "解读". 有时候我们戏称流形和局部坐标卡

 为"楼上、楼下",局部坐标卡的同胚映射是一个梯子,楼上(流形)发生的事情通过梯子到楼下(局部坐标卡)才能接地气,学习流形要谨防被人上屋抽梯!

定义 3.6(微分同胚) 如果光滑映射 $f: M \to N$ 既单又满, 且 f^{-1} 也是光滑的, 则被称为一个微分同胚. 如果两个流形之间存在一个微分同胚映射, 则称它们是微分同胚的. M 到自身的微分同胚全体记为 $\mathrm{Diff}(M)$, 里面的元素在复合运算下构成一个群, 称为 M 的微分同胚群.

在光滑流形的范畴内, 微分同胚的两个光滑流形可以视为同一个对象.

下面给出一些流形的例子. 需要注意的是, 有些例子对应一些拓扑操作, 所以先需要定义其上的拓扑. 另外很多时候我们更多关注局部欧氏这一性质, 至于其上的光滑结构, 实际上都有典则的方法从原有的例子中诱导出来, 详细的论证可参见微分拓扑教材, 如参考文献 [26].

例题 3.1(标准球面) $\mathbb{S}^n = \{x_1^2 + x_2^2 + \cdots + x_{n+1}^2 = 1\} \subset \mathbb{R}^{n+1}$.

我们给出 $\mathbb{S}^n$ 上一个图册. 首先定义 $2(n+1)$ 个开集:

$$U_i^+ = \{(x_1, \cdots, x_{n+1}) \in \mathbb{S}^n | x_i > 0\},$$
$$U_i^- = \{(x_1, \cdots, x_{n+1}) \in \mathbb{S}^n | x_i < 0\}, \quad i = 1, \cdots, n+1.$$

然后定义同胚映射 $\varphi_i^\pm : U_i^\pm \to \mathbb{R}^n$:

$$\varphi_i^\pm((x_1, \cdots, x_{n+1})) = (x_1, \cdots, \hat{x_i}, x_{i+1}, \cdots, x_{n+1}).$$

$\hat{x_i}$ 表示略去该分量.

容易验证所有的转移函数都是光滑的, 由该图册唯一决定一个极大光滑图册, 称为球面的标准光滑结构.

例题 3.2(乘积空间) 设 M, N 为两个光滑流形, 则其笛卡儿积 (Cartesian product) $M \times N$ 是一个光滑流形. 具体的验证留作一个常规的练习.

例题 3.3(射影空间) $\mathbb{RP}^n$. 在 $\mathbb{R}^{n+1} \setminus 0$ 上引入等价关系, $p \sim q$ 当且仅当存在非零 $\lambda \in \mathbb{R}$ 使得 $p = \lambda q$. 于是得到一个商空间 $\mathbb{R}^{n+1} \setminus 0 / \sim$, 记为 $\mathbb{RP}^n$. 作为商空间, 自然有商映射 $\pi: \mathbb{R}^{n+1} \setminus 0 \to \mathbb{RP}^n$, 赋予其商空间拓扑 ($A \subset \mathbb{RP}^n$ 是开集当且仅当 $\pi^{-1}(A)$ 在 $\mathbb{R}^{n+1} \setminus 0$ 中是开的). 记 $\pi((x_1, \cdots, x_{n+1})) = [x_1, \cdots, x_{n+1}]$, $[x_1, \cdots, x_{n+1}]$ 为 $\mathbb{RP}^n$ 的齐次坐标. 根据定义, n 维射影空间实际上是 $\mathbb{R}^{n+1}$ 中过原点直线的全体.

引入一个图册, 其开集为

$$U_i = \{[x_1, \cdots, x_{n+1}] | x_i \neq 0\}, \quad i = 1, \cdots, n+1.$$

同胚映射为 $\varphi_i : U_i \to \mathbb{R}^n$,
$$\varphi_i([x_1, \cdots, x_{n+1}]) = \left(\frac{x_1}{x_i}, \cdots, \frac{x_{i-1}}{x_i}, \frac{x_{i+1}}{x_i}, \cdots, \frac{x_{n+1}}{x_i}\right).$$

可以验证 φ 是合理定义的, 且相互间的转移函数是光滑的.

定义 3.7(子流形) 设 M 是一个 n 维光滑流形, 若子集 $N \subset M$ 满足 $\forall p \in N$, 存在一个包含 p 的坐标卡 (U, φ), 使得
$$U \cap N = \{q \in U | x_{k+1}(q) = x_{k+2}(q) = \cdots = x_n(q) = 0\},$$
则称为 N 为 M 的一个 k 维子流形.

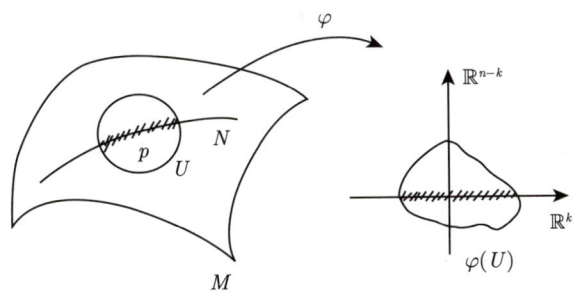

下面给出一个刻画子流形的正则值原像定理, 其本质上是隐函数定理. 证明从略, 读者可参阅文献 [13].

定理 3.1 设 $F : \mathbb{R}^n \to \mathbb{R}^l$ 是一个光滑映射, 记 $M = F^{-1}(q)$, 如果对于任意 $p \in M$, 映射的 Jacobi 矩阵 $DF(p)$ 是满秩的, 那么 M 就是 $\mathbb{R}^n$ 的一个光滑 $n - l$ 维子流形.

例题 3.4(李群) 记 M_n 为 $n \times n$ 矩阵全体, 可以将它视为 $\mathbb{R}^{n^2}$, 并赋予标准欧氏拓扑所以是一个光滑流形. 将 $n \times n$ 可逆矩阵的全体记为 $GL(n, \mathbb{R})$, 容易看出这是 $\mathbb{R}^{n^2}$ 的一个开子集, 所以自然也是一个光滑流形.

下面我们来说明正交矩阵群
$$O(n) = \{A \in M_n | AA^{\mathrm{T}} = \mathrm{id}\} \subset M_n$$
是一个光滑子流形.

记 $n \times n$ 对称矩阵的全体为 S_n, 可将其视为 $S_n = \mathbb{R}^{\frac{n(n+1)}{2}}$. 考虑光滑映射 $F : M_n \to S_n = \mathbb{R}^{\frac{n(n+1)}{2}}$ 为 $F(A) = AA^{\mathrm{T}}$, 则 $O(n) = F^{-1}(\mathrm{id})$. 可以验证正则值原像定理的条件满足, 亦即 $DF(A)$ 是满射, $\forall A \in O(n)$.

如果在流形的定义中我们用上半空间的开集做模型, 就会产生带边流形的概念. 记
$$\mathbb{H}^n = \{x = (x_1, \cdots, x_n) \in \mathbb{R}^n ; x_n \geqslant 0\}.$$

为上半空间. 它的子集

$$\partial \mathbb{H}^n = \{x \in \mathbb{H}^n; x_n = 0\}$$

称为边界. 若 $x \in \mathbb{H}^n \setminus \partial \mathbb{H}^n$, 则称其为内点. $\mathbb{H}^n$ 中的开集就是 $\mathbb{R}^n$ 的开集和 $\mathbb{H}^n$ 相交所得的, 所以有两种类型, 一种是和边界不相交的, 另一种是和边界相交的. 若开集 U 和边界相交, 对于映射 $\varphi: U \to \mathbb{H}^n$, 如果存在一个 $\mathbb{R}^n$ 中一个开集 $U' \supset U$, 使得 φ 可以延拓成 U' 上的光滑映射, 就称其为 U 上的光滑映射.

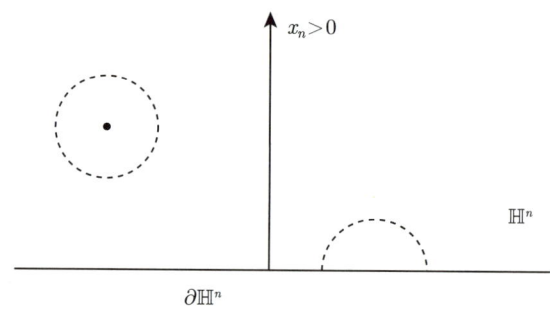

定义 3.8 (带边流形) 如果一拓扑空间 M 满足:

(1) Hausdorff;

(2) 第二可数;

(3) $\forall p \in M$, $\exists$ 邻域 $p \in U$ 和 $\mathbb{H}^n$ 中一开集 V 同胚 (同胚映射 $\varphi: U \to V \subset \mathbb{H}^n$, 给每个点 $q \in U$ 以 $\mathbb{H}^n$ 坐标 $\varphi(q) = (x_1(q), \cdots, x_n(q))$, 称之为一个**局部坐标卡**),

则称 M 为一 n 维**拓扑带边流形**.

进一步, 如果所有的转移函数

$$\varphi_\beta \circ \varphi_\alpha^{-1}: \varphi_\alpha(U_\alpha \cap U_\beta) \to \varphi_\beta(U_\alpha \cap U_\beta)$$

都是光滑的, 则称 M 为一 n 维**光滑带边流形**. 流形 M 中被坐标卡映射到 $\partial \mathbb{H}^n$ 的点称为 M 的边界, 记为 ∂M, 可以证明 ∂M 构成一个无边的 $n-1$ 维子流形 (见本章习题 10).

例题 3.5 (粘贴、手术) 两个拓扑空间 X, Y 的无交并, 是指 $(X \cup Y) \times \{0, 1\}$ 的子集 $X \times \{0\} \cup Y \times \{1\}$, 记为 $X \sqcup Y$. 如果 $f: A \subset X \mapsto Y$ 为一光滑映射, 在 $X \sqcup Y$ 中将 $(x, 0)$ 和 $(f(x), 1)$ 等同起来, 所得的商空间称为 f 的贴空间, 记为 $X \cup_f Y$. 形象地说, 就是通过 f 这个映射将 X 中点和 Y 中对应的点贴合起来, 得到一个拓扑空间.

下面设 X^n 为一光滑 n 维流形, 其有一个微分同胚于 $\mathbb{D}^k \times \mathbb{S}^{n-k}$ 的子流形, 注意到

$$\partial(\mathbb{D}^k \times \mathbb{S}^{n-k}) = \mathbb{S}^{k-1} \times \mathbb{S}^{n-k} = \partial(\mathbb{S}^{k-1} \times \mathbb{D}^{n-k+1}),$$

所以令 $Y = \mathbb{S}^{k-1} \times \mathbb{D}^{n-k+1}$, id: $\mathbb{S}^{k-1} \times \mathbb{S}^{n-k} \to \mathbb{S}^{k-1} \times \mathbb{S}^{n-k} = \partial Y$ 为恒同映射, 则可

以得到贴空间 $(X \setminus \mathbb{D}^k \times \mathbb{S}^{n-k}) \cup_{\text{id}} Y$. 可以证明所得拓扑空间为光滑流形, 这被称为在 X 上做了一次余维数为 k 的手术.

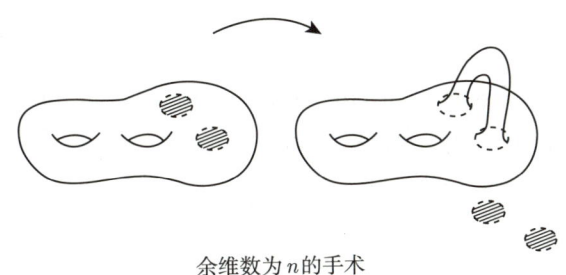

余维数为 n 的手术

最后再介绍一种得到流形的方法: 通过群作用.

定义 3.9(群作用)　设 G 为一个群, M 为一光滑流形, 如果映射 $f: G \times M \to M$
$$G \times M \ni (g, x) \mapsto gx \in M$$
满足:

(1) $ex = x, \forall x \in M$ ($e \in G$ 为单位元);

(2) $(fg)x = f(gx), \forall f, g \in G$,

则称群 G **作用**在 M 上. 如果对所有的 $g \in G$, 映射 $M \ni x \to gx \in M$ 为光滑的, 就称群 G **光滑作用**于 M.

对于 $x \in M$, 记
$$G_x = \{g | gx = x\},$$
称为 x 的**稳定子群**.
$$Gx = \{gx | g \in G\}$$
称为 x 的**轨道**. M 中两个元素如果在同一个轨道中, 就称它们是等价的. M 在这个等价关系下的商空间记为 M/G.

如果 $G_x = \{e\}$ 对所有的 $x \in M$ 成立, 就称该群作用为**自由**的. 如果对任意紧集 $K \subset M$, 只有有限多个 $g \in G$ 满足 $gK \cap K \neq \varnothing$, 就称该作用是**纯不连续作用**.

命题 3.1　群 G 光滑地作用在光滑流形 M 上, 如果该作用是自由且纯不连续的, 则商空间 M/G 有一个自然的光滑流形结构, 且商映射 $\pi: M \to M/G$ 是一个覆盖映射.

例题 3.6(n 维环面)　格点群
$$\mathbb{Z}^n = \{(m_1, \cdots, m_n); m_i \in \mathbb{Z}^n\}$$
按平移的方式作用在 $\mathbb{R}^n$ 上, 该作用是自由且纯不连续的, 其商流形就是 n 维环面 $\mathbb{T}^n$.

例题 3.7(棱镜空间)　令
$$\mathbb{S}^{2n+1} = \{(z_0, \cdots, z_n) \in \mathbb{C}^{n+1}; |z_0|^2 + \cdots + |z_n|^2 = 1\}.$$

设 p 为自然数，取 $q_1, \cdots, q_n$ 为和 p 互素的整数. 定义 p 阶循环群 $\mathbb{Z}_p$ 在 $\mathbb{S}^{n+1}$ 上的作用为
$$\iota(z_0, \cdots, z_n) = (\zeta z_0, \zeta^{q_1} z_1, \cdots, \zeta^{q_n} z_n),$$
这里 ι 是 $\mathbb{Z}_p$ 的生成元，$\zeta = \exp(2\pi \mathrm{i}/p)$. 易知该作用是自由且纯不连续的，我们称商流形 $\mathbb{S}^{2n+1}/\mathbb{Z}_p = L(p; q_1, \cdots, q_n)$ 为棱镜空间.

3.2 切空间

对于一个位于三维空间中的曲面，某点的切空间非常直观. 一般流形并没有这么直观的看法来定义切向量. 我们通过将切向量看作是作用在函数上的一个算子来定义流形上的切向量.

定义 3.10 (切向量) 设 M 为一光滑流形，$p \in M$ 为给定一点. 如果映射 $v: C^\infty(M) \to \mathbb{R}$ 满足：

(1) (线性) $v(f+g) = v(f) + v(g), v(af) = av(f), \forall f, g \in C^\infty(M), a \in \mathbb{R}$；

(2) (Leibniz 法则) $v(fg) = f(p)v(g) + v(f)g(p), \forall f, g \in C^\infty(M)$，

则称其为 p 点处的一个**切向量**.

p 点处所有切向量的全体记为 $T_p M$，称为 p 点的**切空间**.

命题 3.2 若 M 为一 n 维光滑流形，则 $T_p M$ 是一个 n 维线性空间.

在证明该命题之前，先证明下述事实：设 $f, g \in C^\infty(M)$，如果存在 p 的邻域 U 使得 $f(x) = g(x), \forall x \in U$，则有
$$v(f) = v(g).$$

不失一般性，可以假定在 U 是一个局部坐标卡，且 $\varphi(U) = B_2(0) \subset \mathbb{R}^n, \varphi(p) = 0$. 我们知道存在光滑函数 $h: \mathbb{R}^n \to \mathbb{R}$ 满足

(1) $h(x) \equiv 1, \forall |x| \leqslant 1$；

(2) $h(x) \equiv 0, \forall |x| \geqslant 2$；

(3) $0 \leqslant h(x) \leqslant 1, \forall x$.

这样的函数被称为一个截断函数. 构造的要点在于利用 $f(x) = \mathrm{e}^{-\frac{1}{x}}$ (细节留作习题). 我们将其移植回流形上，也就是考虑
$$\bar{h}(x) = \begin{cases} h \circ \varphi(x), & x \in U, \\ 0, & x \notin U. \end{cases}$$

易知, $\bar{h} \in C^\infty(M)$, 并且 $(f-g)\bar{h} \equiv 0$. 于是根据 Leibniz 法则, 有

$$0 = v((f-g)\bar{h}) = v(f-g)\bar{h}(p) + (f-g)(p)v(\bar{h}),$$

由此知 $v(f) = v(g)$.

上述事实表明 $v(f)$ 只和 f 在 p 点附近的值有关, 这个 "附近" 可以要多小有多小.

命题 3.2 的证明 我们选定一个包含 p 的坐标卡 $(U, \varphi, x_1, \cdots, x_n)$, 根据上述事实我们只需考虑定义在 U 上的光滑函数. 同时假定 $\varphi(U) = B_2(0), \varphi(p) = 0$.

不难验证 $\left.\dfrac{\partial}{\partial x_i}\right|_p : f \to \left.\dfrac{\partial f \circ \varphi^{-1}}{\partial x_i}\right|_0$ 定义了一个切向量, 这个切向量就是对函数沿着 x_i 分量在 p 点求偏导.

下面证明

$$T_pM = \mathrm{span}\left\{\left.\frac{\partial}{\partial x_i}\right|_p\right\}_{i=1}^n.$$

记 $f_i = x_i \circ \varphi$, 取定一切向量 v, 设 $v(f_i) = a_i$. **断言**:

$$v = \sum_{i=1}^n a_i \left.\frac{\partial}{\partial x_i}\right|_p. \tag{3.1}$$

为此任取 $f \in C^\infty(U)$, 记 $F = f \circ \varphi^{-1}$, 对任意 $x \in \varphi(U)$, 有

$$F(x) - F(0) = \int_0^1 \frac{\mathrm{d}F}{\mathrm{d}t}(tx)\mathrm{d}t = \sum_{i=1}^n x_i \int_0^1 \frac{\partial F}{\partial x_i}(tx)\mathrm{d}t.$$

记 $g_i(x) = \int_0^1 \dfrac{\partial F}{\partial x_i}(tx)\mathrm{d}t$, 我们就可以将 $F(x)$ 表示成

$$F(x) = F(0) + \sum_{i=1}^n x_i g_i(x),$$

并且 $g_i(0) = \dfrac{\partial F}{\partial x_i}(0)$.

将这样的分解移植回流形上, 再根据 Leibniz 法则我们就有

$$v(f) = \sum_{i=1}^n v(f_i) g_i(0) = \sum_{i=1}^n a_i \left.\frac{\partial}{\partial x_i}\right|_p(f).$$

由 f 的任意性, (3.1) 式得证.

例题 3.8 (基向量在不同坐标卡下的转移矩阵) 设 $(U, \varphi, x_1, \cdots, x_n), (V, \psi, y_1, \cdots, y_n)$ 为 p 点处的两个局部坐标卡, 可将转移函数记为

$$\psi \circ \varphi^{-1}(x_1, \cdots, x_n) = (y_1(x_1, \cdots, x_n), \cdots, y_n(x_1, \cdots, x_n)).$$

$\left\{\left.\dfrac{\partial}{\partial x_i}\right|_p\right\}_{i=1}^n$ 和 $\left\{\left.\dfrac{\partial}{\partial y_j}\right|_p\right\}_{j=1}^n$ 都构成 T_pM 的一组基. 它们之间的关系实际上遵循求导的链式法则:

$$\left.\frac{\partial}{\partial x_j}\right|_p = \sum_{i=1}^n \frac{\partial y_i}{\partial x_j}\left.\frac{\partial}{\partial y_i}\right|_p.$$

为证明上式, 只需要验证左右两端在任一 $f \in C^\infty(M)$ 的作用是相同的. 细节留作习题.

下面我们给出切向量一个更加直观的定义. 设 $\alpha : (-\varepsilon, \varepsilon) \to M$ 是一个光滑映射, $\alpha(0) = p$. 我们可以将该映射看成是流形 M 上过 p 点的曲线. 可以验证下述映射为一切向量:

$$C^\infty(M) \ni f \mapsto f \circ \alpha'(0) \in \mathbb{R}.$$

我们将其记为 $\alpha'(0)$. 反之, $\forall v \in T_pM$, 我们总可以找到一条曲线 α, 使得 $\alpha(0) = p$, $\alpha'(0) = v$. 为了证明这个事实, 只需要在一个局部坐标卡里完成验证即可 (见本章习题 20).

有了切空间的定义, 就可以定义光滑映射在一点的切映射.

定义 3.11(切映射) 设 $f : M \to N$ 为一光滑映射, 记 $q = f(p)$, 则 f 在 p 的切映射 $(\mathrm{d}f)_p : T_pM \to T_qN$ 是一个线性映射, 它将 $v \in T_pM$ 映为 $w = (\mathrm{d}f)_p(v)$, 满足

$$w(g) = v(g \circ f), \quad \forall g \in C^\infty(N).$$

例题 3.9 按照上述定义, 可以证明如下的等价定义: 为计算 $(\mathrm{d}f)_p(v)$, 可取一条曲线 α, 使得 $\alpha(0) = p, \alpha'(0) = v$, 令 $\beta(t) = f \circ \alpha(t)$, 则有

$$(\mathrm{d}f)_p(v) = \beta'(0).$$

不难验证, 对于光滑映射 $F : \mathbb{R}^m \to \mathbb{R}^n$, 其映射 Jacobi 矩阵 $DF(A)$ 即为切映射 $\mathrm{d}F_A$ 在标准基下的矩阵表达.

定义 3.12 设 $f : M \to N$ 为两个光滑流形间的光滑映射.
(1) 如果 $(\mathrm{d}f)_p$ 是单射, $\forall p$, 则称 f 为一**浸入**;
(2) 如果 $(\mathrm{d}f)_p$ 是满射, $\forall p$, 则称 f 为一**淹没**;
(3) 如果 f 是一浸入且 $f(M) \subset N$ (带子空间拓扑) 和 M 是拓扑同胚的, 则称 f 为一**嵌入**.

所以浸入和淹没的定义只关注每点的切映射, 而嵌入要从整体上考虑映射是否是单射, 并且该单射的像带着 N 的子空间拓扑需要和 M 本身同胚.

例题 3.10 光滑映射 $\beta : (-\pi, \pi) \to \mathbb{R}^2$ 按如下定义:

$$\beta(t) = (\sin 2t, \sin t),$$

它是一个光滑的浸入, 也是单射, 但不是嵌入 (其像集在子空间拓扑下和 $(-\pi, \pi)$ 不同胚).

例题 3.11 $\mathbb{T}^2 = \mathbb{S}^1 \times \mathbb{S}^1$. 给定一个无理数 α, 定义映射 $\beta : \mathbb{R} \to \mathbb{T}^2$ 如下:
$$\beta(t) = (\mathrm{e}^{2\pi i t}, \mathrm{e}^{2\pi i \alpha t}).$$

它是一个光滑的浸入, 也是单射, 但不是嵌入. 事实上可以证明它的像在环面中是稠密的 (见本章习题 19).

实际上, 任何流形可以实现为欧氏空间的子流形, 这就是著名的 Whitney 嵌入定理.

定理 3.2 (Whitney) 任一 n 维流形 M 都可以浸入到 $\mathbb{R}^{2n-1}$ 中.

定理 3.3 (Whitney) 任一 n 维流形 M 都可以嵌入到 $\mathbb{R}^{2n}$ 中.

根据 Whitney 浸入定理, Klein 瓶一定可以浸入到 $\mathbb{R}^3$, 但我们知道三维空间中 "呈现" 的 Klein 瓶一定有自交点, 所以这个浸入肯定不是嵌入. 不过根据 Whiteny 嵌入定理, Klein 瓶可以不自交地 "呈现" 在四维欧氏空间中.

此外, 一旦将抽象流形 M 嵌入到某个维数的欧氏空间 $\mathbb{R}^N$ 中, 那么 T_pM 就可以具象为 M 上过 p 点曲线在 p 点切向量的全体.

上述两个定理的证明可参阅文献 [13], 证明用到了著名的 Sard 定理.

定义 3.13 设 $f: M \to N$ 为一光滑映射, 如果 $\forall p \in f^{-1}(q)$, $\mathrm{d}f_p$ 都是满射, 则称 q 为 f 的**正则值**. 如果 $\mathrm{d}f_p$ 不是满射, p 称为 f 的**临界点**. 记 C 为 f 临界点的全体, $f(C)$ 称为 f 的**临界值**. 注意, 如果 $f^{-1}(q) = \varnothing$, 我们也将 q 称为正则值, 所以 N 中的点不是正则值就是临界值.

定理 3.4 (Sard) $\forall f: M^m \to N^n$ 是光滑映射, 其临界值是一个零测集.

注 $Z \subset N$ 称为一个零测集当且仅当 $\forall p \in Z$, 以及 p 的局部坐标卡 (U, φ), $\varphi(Z \cap U)$ 是 $\mathbb{R}^n$ 中的一个零测集.

3.3 向量场

如果我们以光滑的方式在流形每点指定一个切向量, 我们就得到了流形上的一个光滑向量场. 本节将介绍流形上向量场基础理论.

定义 3.14 (向量场) 设 M 为一个光滑流形, 一个向量场 X 就是在每点指定一个切向量 $X(p) \in T_pM$, 如果在任一坐标卡 $(U, \varphi, x_1, \cdots x_n)$ 下, X 可表为
$$X(p) = \sum_{i=1}^n a_i(p) \left(\frac{\partial}{\partial x_i} \bigg|_p \right),$$

其中 $a_i(p) \in C^\infty(U)$, $i = 1, 2, \cdots, n$, 那么就称 X 为一个**光滑向量场**. 流形 M 上光滑向量场的全体记为 $\mathcal{X}(M)$.

注 流形上一旦遇到整体定义的对象，其存在性需要加以说明. 通常有三个方式: (1) 利用截断函数，将局部定义的对象延拓成整体光滑对象; (2) 利用单位分解 (见附录 A.3) 将局部定义进行拼接; (3) 在局部坐标系下写下一个表达式，证明其实际上和坐标的选取无关. 对于向量场而言，局部坐标卡 U 上写下一个光滑向量场总是没有问题的，然后乘上一个紧支于 U 的光滑函数，就可以得到流形上整体定义的光滑向量场. 当然这样构造出来的向量场在 U 之外都是零了.

例题 3.12(球面上的向量场)　$\forall p = (x_1, x_2) \in \mathbb{S}^1$，易知 $(-x_2, x_1) \in T_p\mathbb{S}^1$，这在 $\mathbb{S}^1$ 上定义了一个光滑向量场. 注意到该向量场正好可以通过复数乘法得到，即 $(x_1+\mathrm{i}x_2)\mathrm{i} = -x_2 + \mathrm{i}x_1$.

类似的，$\forall p = (x_1, x_2, x_3, x_4) \in \mathbb{S}^3$，我们有 $(-x_2, x_1, -x_4, x_3) \in T_p\mathbb{S}^3$，由此定义了 $\mathbb{S}^3$ 上一个处处非零的光滑向量场. 该向量场可以通过四元数乘法得到: $(x_1+ix_2+jx_3+kx_4)i = -x_2+x_1i-x_4j+x_3k$. 再利用和 j, k 的乘法，我们可以得到了 $\mathbb{S}^3$ 上三个处处非零的向量场，而且它们在每点都是线性无关的.

在 $\mathbb{S}^2$ 上存在处处非零的向量场吗？答案是否定的. 著名的 Poincaré-Hopf 定理断言，M 上光滑向量场零点的指标和等于 M 的 Euler 示性数. 先不管向量场零点指标是如何定义的，由于 $\mathbb{S}^2$ 的 Euler 示性数非零，所以二维球面上的向量场必有零点. 二维球面上这个定理有时也被戏称为 "毛球定理".

关于球面向量场有个非常有趣的数学问题: 在 $\mathbb{S}^{n-1}$ 上最多有几个处处非零且处处线性无关的向量场？可以利用 Clifford 代数和群表示论，给出 $\mathbb{S}^{n-1}$ 上 $\rho(n)$ 个处处非零且处处线性无关的向量场. 这里 $\rho(n)$ 通过以下三个关系唯一决定: (1) $\rho(2^m) = 2^m - 1, m = 0, 1, 2, 3$; (2) $\rho(2^{m+4}) = \rho(2^m) + 8$; (3) $\rho(2^m q) = \rho(2^m)$，q 为奇数. 1962 年，Frank Adams 利用同伦论和拓扑 K 理论证明了 $\mathbb{S}^{n-1}$ 上最多就只有 $\rho(n)$ 个处处非零且处处线性无关的向量场.

从维数角度，显然有 $\rho(n) \leqslant n-1$. 简单计算会发现只有在 $\mathbb{S}^1, \mathbb{S}^3, \mathbb{S}^7$ 上有相同于维数个处处非零且处处线性无关的向量场. 换句说法就是只有一、三、七维球面的切丛是可平凡化的，这背后有个有趣的对应: 除 $\mathbb{R}$ 外，只有 $\mathbb{R}^2$ (复数), $\mathbb{R}^4$ (四元数) 和 $\mathbb{R}^8$ (八元数) 是可除代数.

给定 $X \in \mathcal{X}(M)$，它可以自然作用在 $f \in C^\infty(M)$ 上，即

$$X(f)(p) = X(p)(f).$$

如此得到一个映射

$$C^\infty(M) \ni f \to X(f) \in C^\infty(M).$$

该映射满足

(1) (线性) $X(af+bg) = aX(f) + bX(g)$;

(2) (Leibniz 法则) $X(fg) = X(f)g + fX(g)$.

满足上述两个条件的 $C^\infty(M)$ 间的映射称为一个**导子**. 反之, 如果有 $C^\infty(M) \to C^\infty(M)$ 的映射, 满足上述两条性质, 显然它在每点对应一个切向量, 整体上形成 M 上的一个光滑向量场. 据此, 可以定义两个向量场之间的李括号运算.

定义 3.15(李括号) 给定 $X, Y \in \mathcal{X}(M)$, 那么映射

$$C^\infty(M) \ni f \to X(Y(f)) - Y(X(f)) \in C^\infty(M)$$

定义了一个光滑向量场, 称为 X, Y 的**李括号**, 记为 $[X, Y]$.

例题 3.13 在一个局部坐标卡下, 设 $X = \sum_{i=1}^n a_i \frac{\partial}{\partial x_i}$, $Y = \sum_{i=1}^n b_i \frac{\partial}{\partial x_i}$, 那么

$$[X, Y] = \sum_{i,j=1}^n \left(a_i \frac{\partial b_j}{\partial x_i} - b_i \frac{\partial a_j}{\partial x_i} \right) \frac{\partial}{\partial x_j}. \tag{3.2}$$

证明 对于任意 p 点附近的光滑函数 f, 按定义计算

$$[X,Y]_p f = \sum_{i=1}^n a_i \frac{\partial}{\partial x_i} \left(\sum_{j=1}^n b_j \frac{\partial f}{\partial x_j} \right) - \sum_{i=1}^n b_i \frac{\partial}{\partial x_i} \left(\sum_{j=1}^n a_j \frac{\partial f}{\partial x_j} \right)$$

$$= \sum_{i,j=1}^n \left(a_i(p) \frac{\partial b_j}{\partial x_i}(p) - b_i(p) \frac{\partial a_j}{\partial x_i}(p) \right) \frac{\partial f}{\partial x_j}(p).$$

因此

$$[X, Y] = \sum_{i,j=1}^n \left(a_i \frac{\partial b_j}{\partial x_i} - b_i \frac{\partial a_j}{\partial x_i} \right) \frac{\partial}{\partial x_j}.$$

下面的命题可以按定义常规验证, 证明从略.

命题 3.3 李括号满足如下性质: $\forall X, X', Y, Z \in \mathcal{X}(M)$,

(1) (双线性) $[aX + bX', Y] = a[X, Y] + b[X', Y]$, $\forall a, b \in \mathbb{R}$;

(2) (反对称) $[X, Y] = -[Y, X]$;

(3) (Jacobi 恒等式) $[[X, Y], Z] + [[Y, Z], X] + [[Z, X], Y] = 0$.

一个线性空间上如果有满足上述三点的二元运算 $[\cdot, \cdot]$, 就被称为一个**李代数**.

定义 3.16(积分曲线) M 为一光滑流形, 取定 $X \in \mathcal{X}(M)$, 光滑映射 $\gamma : (a, b) \to M$ 如果满足

$$\gamma'(t) = X(\gamma(t)), \quad \forall t \in (a, b),$$

则称其为 X 的一条**积分曲线**.

我们指出求解积分曲线局部上就是求解一个一阶常微分方程组. 具体来说, 对于给定的向量场 X, 设其在一个局部坐标卡下为

$$X = \sum_{i=1}^{n} a_i(x) \frac{\partial}{\partial x_i}.$$

设一曲线在此坐标卡下为 $\gamma(t) = (x_1(t), \cdots, x_n(t))$, 那么 γ 为 X 的积分曲线当且仅当

$$\frac{\mathrm{d} x_i}{\mathrm{d} t}(t) = a_i(x_1(t), \cdots, x_n(t)), \quad i = 1, 2, \cdots, n. \tag{3.3}$$

我们引述关于常微分方程组 (3.3) 的一般性理论.

定理 3.5 对于常微分方程组 (3.3) 而言, 已知 $a_i \in C^\infty(\varphi(U))$, 有

(1) (存在唯一性) 对于任意的初值 $x_i(0) = x_i(p)$, $p \in U$, 存在 $\varepsilon(p) > 0$, 使得方程组 (3.3) 存在定义在 $(-\varepsilon(p), \varepsilon(p))$ 的解, 并且解是唯一的.

(2) (解对初值的光滑依赖) 对任意 $p \in U$, 设以 p 为初值的解在 $(-\varepsilon, \varepsilon)$ 有定义, 则存在 p 的邻域 $V \subset U$, 使得对任意以 $q \in V$ 为初值的解在 $(-\varepsilon, \varepsilon)$ 上也有定义. 若将解在以 q 为初值, $t \in (-\varepsilon, \varepsilon)$ 的值记为 $\Gamma(t, x_1(q), \cdots, x_n(q))$, 则该函数为光滑函数.

根据上述定理, 对于给定的向量场 $X \in \mathcal{X}(M)$, $\forall p \in M$, 存在经过 p 的积分曲线, 且该积分曲线有一个最大定义区间 (a_p, b_p), $-\infty \leqslant a_p < b_p \leqslant \infty$. 将该曲线记为 $\gamma_p(t), t \in (a_p, b_p)$, $\gamma_p(0) = p$. 根据解的存在唯一性, 有如下性质:

$$\gamma_{\gamma_p(t)}(s) = \gamma_p(s+t). \tag{3.4}$$

很明显两条积分曲线或者重合, 或者不相交, 整个流形可以写成不同积分曲线的无交并.

定义 3.17 对于给定的向量场 X, 如果过任意点的积分曲线的定义域是 $(-\infty, +\infty)$, 则称 X 是**完备**的.

记号 $\gamma_p(t)$ 是指过 p 点的积分曲线, 如果转变一个观点, 将时刻 t 固定, p 变动, 将之记为 $\varphi_t(p) := \gamma_p(t)$. 此时, 如果 X 是完备的, 则 $\varphi_t(p)$ 对所有的 p 就是有定义的, 且根据解对初值的光滑依赖性, $\varphi_t : M \to M$ 是一个光滑映射. 再根据 (3.4) 式, 易知

$$\varphi_t \circ \varphi_s = \varphi_{t+s}, \quad \varphi_0 = \mathrm{id}.$$

这些性质表明每个 φ_t 实际上是 M 到自身的一个微分同胚, 而 $\mathbb{R} \to \varphi_t$ 实际上是一个从实数加法群到流形自身上微分同胚群 $\mathrm{Diff}(M)$ 的一个群同态. 称 $\{\varphi_t\}_{t \in \mathbb{R}}$ 为流形 M 上的一个**单参数变换群**.

当向量场 X 不是完备的时候, 对于给定的时刻 t, φ_t 的定义域是 M 的一个开子集, 下式在左右两边都有定义的地方仍然成立:

$$\varphi_t \circ \varphi_s(p) = \varphi_{t+s}(p).$$

一般称 $\{\varphi_t\}$ 为由 X 生成的**单参数局部变换群**.

定理 3.6 若 M 为一紧致光滑流形, 则其上任一光滑向量场 X 是完备的.

证明 由定理 3.5 知, $\forall p \in M$, 存在开邻域 U_p 以及 $\varepsilon_p > 0$, 使得对任意 $q \in U_p$, 过该点的 X 的积分曲线在 $(-\varepsilon_p, \varepsilon_p)$ 是有定义的. $\{U_p\}_{p \in M}$ 构成了 M 的一个开覆盖, 由于 M 是紧致的, 就存在有限子覆盖:

$$M \subset \bigcup_{i=1}^{n} U_{p_i}.$$

令

$$\varepsilon = \min\{\varepsilon_{p_1}, \cdots, \varepsilon_{p_n}\} > 0,$$

则过任一点的积分曲线有一个一致的定义域 $(-\varepsilon, \varepsilon)$, 由此立知

$$a_p = -\infty, \quad b_p = \infty, \quad \forall p \in M.$$

定义 3.18 (向量场的推送) 设 $f : M \to N$ 为一光滑单射, $X \in \mathcal{X}(M)$, 根据切映射的定义知

$$(\mathrm{d}f)_p(X(p)) \in T_{f(p)}N, \quad p \in M.$$

取遍所有的 $p \in M$, 可以得到 N 上沿着 $f(M)$ 的一个光滑向量场, 称为 f 将 X 推送到 N 上, 记为 $f_*(X)$.

下面的命题揭示了李括号运算可以通过单参数局部变换群对向量场的推送实现.

引理 3.1 设 X, Y 为光滑流形 M 上两个光滑向量场, 令 $\{\varphi_t\}, \{\psi_t\}$ 分别为由 X, Y 生成的单参数局部变换群, 则

$$[X, Y] = \lim_{t \to 0} \frac{(\varphi_{-t})_*(Y) - Y}{t}.$$

证明 首先对于向量场 X 在 f 上的作用, 若设 $\{\varphi_t\}$ 为 X 对应的单参数局部变换群, 则有

$$X(f)(p) = \lim_{t \to 0} \frac{f(\varphi_t(p)) - f(p)}{t} = \lim_{t \to 0} \frac{\varphi_t^* \circ f(p) - f(p)}{t}.$$

其次注意到

$$((\varphi_{-t})_* Y) f = Y(f \circ \varphi_{-t}) \circ \varphi_t = \varphi_t^*(Y(f \circ \varphi_{-t})),$$

所以

$$\lim_{t \to 0} \frac{(\varphi_{-t})_* Y - Y}{t} f = \lim_{t \to 0} \frac{\varphi_t^*(Y(f \circ \varphi_{-t})) - \varphi_t^*(Yf) + \varphi_t^*(Yf) - Yf}{t}$$

$$= \lim_{t \to 0} \varphi_t^* \left\{ Y \left(\frac{f \circ \varphi_{-t} - f}{t} \right) \right\} + \lim_{t \to 0} \frac{\varphi_t^*(Yf) - Yf}{t}$$

$$= \lim_{t \to 0} \varphi_t^* Y \left\{ \left(\frac{\varphi_{-t}^* f - f}{t} \right) \right\} + \lim_{t \to 0} \frac{\varphi_t^*(Yf) - Yf}{t}$$

$$= Y(-Xf) + X(Yf) = [X, Y]f.$$

引理 3.2 设 X, Y 为光滑流形 M 上两个光滑向量场，令 $\{\varphi_t\}, \{\psi_t\}$ 分别为由 X, Y 生成的局部单参数变换群，则

$$[X, Y] \equiv 0$$

当且仅当 $\varphi_t \circ \psi_s = \psi_s \circ \varphi_t$.

证明 首先注意 $\varphi_t \circ \psi_s = \psi_s \circ \varphi_t$ 是指在两边都有定义情况下等号是成立的，也就是说 $\forall p \in M$，存在其邻域 V，以及 $t_0 < 0 < t_1, s_0 < 0 < s_1$，使得

$$\varphi_t \circ \psi_s(q) = \psi_s \circ \varphi_t(q), \quad \forall q \in V, t \in (t_0, t_1), s \in (s_0, s_1).$$

对于给定的 $p \in M$，因为 $\psi_s(p)$ 是 Y 过 p 的积分曲线，所以

$$\left.\frac{\mathrm{d}}{\mathrm{d}s}\psi_s(p)\right|_{s=0} = Y_p.$$

另一方面，当 t 固定时，$\varphi_t \circ \psi_s \circ \varphi_t^{-1}(p)$ 是向量场 $(\varphi_t)_* Y$ 过 p 的积分曲线，所以有

$$\left.\frac{\mathrm{d}}{\mathrm{d}s}\varphi_t \circ \psi_s \circ \varphi_t^{-1}(p)\right|_{s=0} = ((\varphi_t)_*(Y))_p.$$

如果 $\varphi_t \circ \psi_s = \psi_s \circ \varphi_t$，那么就有 $(\varphi_t)_*(Y) = Y$，再根据引理 3.1 知

$$[X, Y] = \lim_{t \to 0} \frac{(\varphi_t)_*(Y) - Y}{-t} = 0.$$

反之，如果 $[X, Y] \equiv 0$，先证明 Y 在 φ_t 下是不变的，即 $(\varphi_t)_*(Y) = Y$. 视 $(\varphi_t)_*(Y)$ 为关于 t 的一族向量场，对其在时刻 $t = t_0$ 求导有

$$\begin{aligned}
\left.\frac{\mathrm{d}}{\mathrm{d}t}((\varphi_t)_* Y)\right|_{t=t_0} &= \lim_{t \to 0} \frac{(\varphi_{t_0+t})_* Y - (\varphi_{t_0})_* Y}{t} \\
&= \lim_{t \to 0} (\varphi_{t_0})_* \frac{(\varphi_t)_* Y - Y}{t} \\
&= (\varphi_{t_0})_* [-X, Y] = 0.
\end{aligned}$$

也就是说 $(\varphi_t)_*(Y)$ 和时间无关，所以 $(\varphi_t)_*(Y) = (\varphi_0)_*(Y) = Y$.

注意到由 $(\varphi_t)_*(Y)$ 生成的单参数变换群是 $\{\varphi_t \circ \psi_s \circ \varphi_t^{-1}\}_s$，于是就有 $\varphi_t \circ \psi_s \circ \varphi_t^{-1} = \psi_s$.

3.4 分布、Frobenius 定理

向量场在每点切空间指定一个切向量，我们也可以指定切空间的线性子空间，这样得到流形上的分布.

3.4 分布、Frobenius 定理

定义 3.19(分布) 设 M 为一光滑流形, 如果 $\forall p, \mathcal{D}(p)$ 是 T_pM 的一个 r 维子空间, 则称 $\mathcal{D}$ 为一个 r 维**分布**. 如果 $\forall p \in M$, 存在包含 p 的坐标卡 (U, φ), 及 r 个 U 上的光滑向量场 $X_1, \cdots X_r$, 使得它们在每点构成 $\mathcal{D}(p)$ 的一组基, 则称 $\mathcal{D}$ 是一个光滑 r 维分布.

定义 3.20(积分子流形) 对于给定的光滑流形 M, 以及其上的光滑分布 $\mathcal{D}$, 如果子流形 $N \subset M$ 满足
$$T_pN = \mathcal{D}(p), \quad \forall p \in N,$$
则称其为 $\mathcal{D}$ 的一个**积分子流形**. 如果过每点 $p \in M$, 都存在积分子流形, 则称分布 $\mathcal{D}$ 是**完全可积**的.

很显然, 1 维光滑分布等价于一个处处非零的光滑向量场, 其积分子流形就是向量场的积分曲线. 对于给定的分布 $\mathcal{D}$ 和向量场 X, 如果 $X(p) \in \mathcal{D}(p), \forall p \in M$, 则称 X 是属于 $\mathcal{D}$ 的向量场.

命题 3.4 设 $\mathcal{D}$ 为 M 的一个光滑分布, 如果它是完全可积的, 则对于任意属于 $\mathcal{D}$ 的两个向量场 X, Y, $[X, Y]$ 也属于 $\mathcal{D}$.

证明 给定 $p \in M$, 设 N 为分布 $\mathcal{D}$ 过 p 的积分子流形. 我们可以选取 p 点附近局部坐标卡 $(U, x_1, \cdots, x_n)$, 使得 N 对应于 $x_{r+1} = x_{r+2} = \cdots = x_n = 0$, 这样 $\frac{\partial}{\partial x_1}, \frac{\partial}{\partial x_2}, \cdots, \frac{\partial}{\partial x_r}$ 属于 $\mathcal{D}$. 记

$$X = \sum_{i=1}^n a_i \frac{\partial}{\partial x_i}, \quad Y = \sum_{i=1}^n b_i \frac{\partial}{\partial x_i},$$

由于 X, Y 属于 $\mathcal{D}$, 所以

$$a_j(x_1, \cdots, x_r, 0, \cdots, 0) = b_j(x_1, \cdots, x_r, 0, \cdots, 0) = 0, \quad \forall j > r.$$

于是

$$\frac{\partial a_j}{\partial x_i}(0) = \frac{\partial b_j}{\partial x_i}(0) = 0, \quad i \leqslant r, j > r.$$

进而

$$c_j = \sum_{i=1}^n \left(a_i \frac{\partial b_j}{\partial x_i} - b_i \frac{\partial a_j}{\partial x_i} \right) = 0, \quad \forall j > r.$$

根据 (3.2) 式, $[X, Y] = \sum_{i=1}^n c_i \frac{\partial}{\partial x_i}$, 所以 $[X, Y]$ 属于 $\mathcal{D}$.

定义 3.21(对合) 如果属于分布 $\mathcal{D}$ 的向量场关于李括号运算封闭, 则称这个分布是**对合**的.

命题 3.4 表明完全可积的分布是对合的, 著名的 Frobenius 定理表明反之也成立.

定理 3.7(Frobenius) 光滑分布 $\mathcal{D}$ 是完全可积当且仅当它是对合的.

证明 根据命题 3.4, 我们只需证明 $\mathcal{D}$ 是对合的 $\implies$ $\mathcal{D}$ 是完全可积的.

设 $\mathcal{D}$ 为一个 r 维对合的分布. 在一个局部坐标卡 $(U, x_1, \cdots, x_n)$ 上, 我们可以取属于 $\mathcal{D}$ 的 r 个处处线性无关的向量场 $Y_1, \cdots, Y_r$, 不妨设

$$Y_i = \sum_{j=1}^n a_{ij} \frac{\partial}{\partial x_j}, \quad i = 1, \cdots, r.$$

由于 $Y_1, \cdots, Y_r$ 处处线性无关, 通过交换 x_i 的相互位置, 可以假设

$$\det (a_{ij}(q))_{i,j=1,\cdots,r} \neq 0, \quad q \in U.$$

令

$$(b_{ij}(q)) = (a_{ij}(q))^{-1}, \quad q \in U.$$

并设

$$X_i = \sum_{j=1}^r b_{ij} Y_j, \quad i = 1, \cdots, r.$$

则

$$X_i = \frac{\partial}{\partial x_i} + \sum_{j=r+1}^n c_{ij} \frac{\partial}{\partial x_j}. \tag{3.5}$$

$X_1, \cdots, X_r$ 也是 U 上处处线性无关属于 $\mathcal{D}$ 的. 因为 $\mathcal{D}$ 是对合的, 所以可以设

$$[X_i, X_j] = \sum_{k=1}^r f_k X_k.$$

而表达式 (3.5) 表明 $[X_i, X_j]$ 只能是 $\frac{\partial}{\partial x_j}$ 的线性组合, 其中 $j \geqslant r+1$. 因此 $f_k \equiv 0$, 即 $[X_i, X_j] \equiv 0$.

根据引理 3.2, 由 X_i 生成的局部单参数变换群 φ_t^i 彼此是交换的:

$$\varphi_t^i \circ \varphi_s^j = \varphi_s^j \circ \varphi_t^i, \quad i, j = 1, \cdots, r.$$

设 V 为 $\mathbb{R}^r$ 原点附近的邻域, 令 $\varphi: V \to M$ 为

$$V \ni (t_1, \cdots, t_r) \mapsto \varphi_{t_1}^1 \circ \cdots \circ \varphi_{t_r}^r(p) \in M. \tag{3.6}$$

设 $\varphi(0) = p$, φ 在原点的切映射满足

$$\varphi_* \left(\frac{\partial}{\partial t_i} \right) = X_i(p), \quad i = 1, \cdots, r.$$

由于 $X_1,\cdots,X_r$ 在 p 点线性无关, 根据隐函数定理, 通过适当缩小 V, $\varphi:V\to M$ 便是到像的微分同胚, 其像集记为 N, 很显然 N 为 M 的子流形. **断言**: N 即为 $\mathcal{D}$ 过 p 的积分子流形.

显然在 p 点有 $T_pN=\mathcal{D}_p$. 所以还需要证明 $T_qN=\mathcal{D}_q,\forall q\in N$. 根据定义, 设

$$q=\varphi(t_1,\cdots,t_r)=\varphi^1_{t_1}\circ\cdots\circ\varphi^r_{t_r}(p).$$

由于 φ^i_t 交换, 将上式重写为

$$q=\varphi^i_{t_i}\circ\varphi^1_{t_1}\circ\cdots\circ\varphi^{i-1}_{t_{i-1}}\circ\varphi^{i+1}_{t_{i+1}}\circ\cdots\circ\varphi^r_{t_r}(p).$$

固定所有的 $t_j,j\neq i$, 并微小变动 t_i, 就得到 N 上过 q 的一条曲线, 而该曲线实际上是 X_i 的积分曲线, 也就是说该曲线在 q 的切向量即为 $X_i(q)$. 再由 i 和 q 的任意性, 得 $T_qN=\mathcal{D}_q,\forall q\in N$.

3.5 微分形式

3.5.1 微分形式之代数

设 V 是一个实数域上的 n 维线性空间, 取定 V 的一组基 $\{e_i\}_{i=1}^n$. 对于 $2\leqslant k\leqslant n$, 引入元素

$$e_{i_1}\wedge\cdots\wedge e_{i_k},\quad 1\leqslant i_1<i_2<\cdots<i_k\leqslant n,$$

并规定它们构成一个新的线性空间 Λ^kV 的一组基, 这样 $\dim(\Lambda^kV)=\binom{n}{k}$. 默认 $\Lambda^0V=\mathbb{R}$, $\Lambda^1V=V$, 再构造直和:

$$\Lambda^*V=\bigoplus_{k=0}^n\Lambda^kV=\Lambda^0V\oplus\Lambda^1V\oplus\cdots\oplus\Lambda^nV.$$

得一线性空间, 其维数为 $\dim(\Lambda^*V)=2^n$. 规定 e_i 和 e_j 相乘之产物为 $e_i\wedge e_j$, 并且满足反交换律: $e_i\wedge e_j=-e_j\wedge e_i$. 该乘法以显然的方式延拓成 Λ^*V 上的乘法, 使其成为一个代数, 称为 V 的外代数. 通过不同基的选取构造出来的外代数都是同构的.

一个抽象的说法如下:

定义 3.22(外代数) 设 V 是一个实数域上的有限维线性空间, 由其元素在乘法反交换关系

$$X\wedge Y=-Y\wedge X$$

下生成的带乘法单位元 1 的代数称为 V 的**外代数**, 记为 Λ^*V.

设 V 的对偶空间为 V^*, 我们可得外代数 $\Lambda^* V^*$. $\Lambda^1 V^* \subset \Lambda^* V^*$, 其中的元素可视为 V 上的线性函数, 对于一般的 k, $\Lambda^k V^*$ 中元素也可视为 V 上满足 "反对称" 性质的线性函数.

定义 3.23(交替型)　设 V 是实数域上的线性空间, 如果一个 k 重映射

$$\omega: \underbrace{V \times \cdots \times V}_{k} \longrightarrow \mathbb{R}$$

满足:

(1) (多重线性) 对 $1 \leqslant i \leqslant k$ 有

$$\omega(X_1, \cdots, aX_i + bX_i', \cdots, X_k) = a\omega(X_1, \cdots, X_i, \cdots, X_k) + b\omega(X_1, \cdots, X_i', \cdots, X_k);$$

(2) (交替) 对任一置换 $\sigma \in A_k$ 有

$$\omega(X_{\sigma(1)}, \cdots, X_{\sigma(k)}) = \operatorname{sgn}(\sigma)\omega(X_1, \cdots, X_k),$$

则称其为 V 上的一个 k 次**交替形式**.

V 上全体 k 次交替形式记为 $\mathcal{A}^k(V)$.

下面将说明

$$\mathcal{A}^k(V) = \Lambda^k V^*.$$

为此, 取 $\alpha_i \in V^*$, $i = 1, \cdots, k$, 则有 $\omega = \alpha_1 \wedge \cdots \wedge \alpha_k \in \Lambda^k V^*$. 对 $X_1, \cdots, X_k \in V$ 定义

$$\iota_k(\omega)(X_1, \cdots, X_k) = \frac{1}{k!} \det(\alpha_i(X_j)).$$

可以验证 $\iota_k(\omega)$ 是一个 V 上的 k 次交替形式. 由于 $\Lambda^k V^*$ 中的元素都是形如 $\alpha_1 \wedge \cdots \wedge \alpha_k$ 的线性组合, 将上述定义按显然的方式做线性延拓, 这样每个 $\Lambda^k V^*$ 中的元素都可以看成一个 V 上的 k 次交替形式.

记

$$\mathcal{A}^*(V) = \bigoplus_{k=0}^{\infty} \mathcal{A}^k(V).$$

将每一次数上的映射 ι_k 合起来看成映射

$$\iota: \Lambda^* V^* \longrightarrow \mathcal{A}^*(V).$$

命题 3.5　映射 $\iota: \Lambda^* V^* \longrightarrow \mathcal{A}^*(V)$ 是一个线性同构. 由该同构, 可以将 $\Lambda^* V^*$ 上的乘法结构传递到 $\mathcal{A}^*(V)$ 上, 具体来说, 对于 $\omega \in \Lambda^k V^*, \eta \in \Lambda^l V^*$, 以及 $X_i \in V, i = 1, \cdots, k+l$ 有

$$\iota(\omega) \wedge \iota(\eta)(X_1, \cdots, X_{k+l})$$
$$= \frac{1}{(k+l)!} \sum_{\sigma \in A_{k+l}} \operatorname{sgn}(\sigma) \omega(X_{\sigma(1)}, \cdots, X_{\sigma(k)}) \eta(X_{\sigma(k+1)}, \cdots, X_{\sigma(k+l)}).$$

下面我们将上述代数操作搬到流形每点的切空间上. 具体来说, 给定 $p \in M$, T_pM 为切空间, 其对偶空间记为 T_p^*M, 也被称为余切空间. $\Lambda^k T_p^*M$ 是合理定义的线性空间.

在 p 点附近一给定的坐标卡 $(U, x_1, \cdots, x_n)$ 下, 可知

$$T_pM = \mathrm{span}\left\{\frac{\partial}{\partial x_1}, \cdots, \frac{\partial}{\partial x_n}\right\}.$$

用 $\mathrm{d}x_1, \mathrm{d}x_2, \cdots, \mathrm{d}x_n$ 来表示其对偶基, 所以

$$\mathrm{d}x_{i_1} \wedge \mathrm{d}x_{i_2} \wedge \cdots \wedge \mathrm{d}x_{i_k}, \quad 1 \leqslant i_1 < i_2 < \cdots < i_k \leqslant n$$

构成 $\Lambda^k T_p^*M$ 的一组基. 为了简单起见, 令 $(i_1, i_2, \cdots, i_k) = I$, 并记 $\mathrm{d}x_{i_1} \wedge \mathrm{d}x_{i_2} \wedge \cdots \wedge \mathrm{d}x_{i_k} = \mathrm{d}x_I$. $|I| = k$ 表示指标长度.

定义 3.24(光滑形式) 流形 M 上的一个 k-形式 ω 就是在每点指定 $\omega(p) \in \Lambda^k T_p^*M$. 如果在任意坐标卡 $(U, x_1, \cdots, x_n)$ 下, 有 U 上的光滑函数族 $\{\varphi_I\}_{|I|=k}$, 使得

$$\omega(p) = \sum_{|I|=k} \varphi_I(p) \mathrm{d}x_I, \quad p \in U.$$

则称 ω 是 M 上的一个**光滑 k 形式**.

回忆一下向量场的定义, 读者会发现两者如出一辙. 通常要在流形上定义一个光滑的 "场" 就是先从每点切空间出发通过代数操作得到一个线性代数产物, 再以光滑的方式每点取一元素得一整体定义的 "场".

根据 $\mathcal{A}^k(V) = \Lambda^k V^*$, 我们有下述等价定义:

定义 3.25 $\mathfrak{X}(M)$ 为流形上的光滑向量场全体, $C^\infty(M)$ 为流形上的光滑函数, 如果一 k 重映射 $\omega: \mathfrak{X}(M) \times \cdots \times \mathfrak{X}(M) \longrightarrow C^\infty(M)$ 满足:

(1) ($C^\infty(M)$ 线性) $\forall f, g \in C^\infty(M)$, $X_1, \cdots, X_k \in \mathfrak{X}(M)$,

$$\omega(X_1, \cdots, fX_i + gX_i', \cdots, X_k) = f\omega(X_1, \cdots, X_i, \cdots, X_k) + g\omega(X_1, \cdots, X_i', \cdots, X_k);$$

(2) (交替) 对任一置换 $\sigma \in A_k$

$$\omega(X_{\sigma(1)}, \cdots, X_{\sigma(k)}) = \mathrm{sgn}(\sigma) \omega(X_1, \cdots, X_k),$$

则称其为 M 上一光滑 k 形式.

通常把流形 M 上的光滑 k 形式全体记为 $\mathcal{A}^k(M)$, 约定 $\mathcal{A}^0(M) = C^\infty(M)$, 并记

$$\mathcal{A}^*(M) = \bigoplus_{k=0}^n \mathcal{A}^k(M).$$

3.5.2 微分形式之分析

下面我们在 $\mathcal{A}^*(M)$ 上定义一些运算.

1. 外积

给定 $\omega \in \mathcal{A}^k(M)$, 以及 $\eta \in \mathcal{A}^l(M)$,

$$\mathcal{A}^{k+l}(M) \ni \omega \wedge \eta(p) := \omega(p) \wedge \eta(p).$$

此运算即为逐点外积之于整个流形.

在局部坐标下, 假设 $\omega = f\mathrm{d}x_{i_1} \wedge \cdots \wedge \mathrm{d}x_{i_k}, \eta = g\mathrm{d}x_{j_1} \wedge \cdots \wedge \mathrm{d}x_{j_l}$ 为两个单项式, 则

$$\omega \wedge \eta = fg\mathrm{d}x_{i_1} \wedge \cdots \wedge \mathrm{d}x_{i_k} \wedge \mathrm{d}x_{j_1} \wedge \cdots \wedge \mathrm{d}x_{j_l}.$$

形式上看, 外积给出一个双线性运算:

$$\mathcal{A}^k(M) \times \mathcal{A}^l(M) \ni (\omega, \eta) \mapsto \omega \wedge \eta \in \mathcal{A}^{k+l}(M),$$

并且满足:

(1) $\eta \wedge \omega = (-1)^{kl} \omega \wedge \eta$;

(2) 对任意向量场 $X_1, \cdots, X_{k+l} \in \mathfrak{X}(M)$,

$$\omega \wedge \eta (X_1, \cdots, X_{k+l})$$
$$= \frac{1}{(k+l)!} \sum_{\sigma \in A_{k+l}} \mathrm{sgn}\,\sigma \omega\left(X_{\sigma(1)}, \cdots, X_{\sigma(k)}\right) \eta\left(X_{\sigma(k+1)}, \cdots, X_{\sigma(k+l)}\right).$$

2. 外微分

我们定义一次微分运算

$$\mathrm{d}: \mathcal{A}^k(M) \longrightarrow \mathcal{A}^{k+1}(M).$$

在局部坐标卡下, d 在一单项式 $\omega = f\mathrm{d}x_{i_1} \wedge \cdots \wedge \mathrm{d}x_{i_k}$ 的作用为

$$\mathrm{d}\omega = \sum_{j=1}^n \frac{\partial f}{\partial x_j} \mathrm{d}x_j \wedge \mathrm{d}x_{i_1} \wedge \cdots \wedge \mathrm{d}x_{i_k}.$$

再按显然的方式将作用线性延拓至任意形式上.

因为该定义是通过局部坐标描述的, 所以就需要验证该定义和坐标选取无关. 这是一个非常好的练习, 就留给读者了.

命题 3.6 外微分运算满足:

(1) $\mathrm{d} \circ \mathrm{d} = 0$;

(2) 对 $\omega \in \mathcal{A}^k(M), \eta \in \mathcal{A}^l(M), \mathrm{d}(\omega \wedge \eta) = \mathrm{d}\omega \wedge \eta + (-1)^k \omega \wedge \mathrm{d}\eta.$

证明 根据外微分运算的线性性质, 我们只需对一个 k 次微分单项式 $\omega = f \mathrm{d}x_{i_1} \wedge \cdots \wedge \mathrm{d}x_{i_k}$ 验证 (1). 因为

$$\mathrm{d}\omega = \sum_{j=1}^n \frac{\partial f}{\partial x_j} \mathrm{d}x_j \wedge \mathrm{d}x_{i_1} \wedge \cdots \wedge \mathrm{d}x_{i_k},$$

在这个和式中, 只有当 $j \neq i_1, \cdots, i_k$ 时, 对应的项才非零. 继续外微分运算知

$$\mathrm{d} \circ \mathrm{d}(\omega) = \sum_{j, k \notin \{i_1, \cdots, i_k\}} = \frac{\partial^2 f}{\partial x_k \partial x_j} \mathrm{d}x_k \wedge \mathrm{d}x_j \wedge \mathrm{d}x_{i_1} \wedge \cdots \wedge \mathrm{d}x_{i_k}$$

$$= \sum_{j < k, j, k \notin \{i_1, \cdots, i_k\}} \left(\frac{\partial^2 f}{\partial x_k \partial x_j} - \frac{\partial^2 f}{\partial x_j \partial x_k} \right) \mathrm{d}x_k \wedge \mathrm{d}x_j \wedge \mathrm{d}x_{i_1} \wedge \cdots \wedge \mathrm{d}x_{i_k} = 0.$$

(2) 也只需对单项式验证即可, 作为练习留给读者.

外微分运算有如下性质, 具体证明可参阅文献 [15].

定理 3.8 设 M 为一个光滑流形, $\omega \in \mathcal{A}^k(M)$ 是一个光滑 k 形式. 对任意向量场 $X_1, \cdots, X_{k+1} \in \mathfrak{X}(M)$, 有

$$\mathrm{d}\omega(X_1, \cdots, X_{k+1})$$
$$= \frac{1}{k+1} \left\{ \sum_{i=1}^{k+1} (-1)^{i+1} X_i \left(\omega \left(X_1, \cdots, \widehat{X_i}, \cdots, X_{k+1} \right) \right) \right.$$
$$\left. + \sum_{i<j} (-1)^{i+j} \omega \left([X_i, X_j], X_1, \cdots, \widehat{X_i}, \cdots, \widehat{X_j}, \cdots, X_{k+1} \right) \right\}.$$

$\widehat{X_i}$ 表示 X_i 被省略了. 特别地, 对 1 形式, 有

$$\mathrm{d}\omega(X, Y) = \frac{1}{2} \{ X\omega(Y) - Y\omega(X) - \omega([X, Y]) \} \quad (\omega \in \mathcal{A}^1(M)).$$

3. 拉回

通过光滑映射

$$f: M \to N,$$

可以将 N 上的光滑微分形式拉回到 M. 对于任意 $X_1, \cdots, X_k \in \mathfrak{X}(M)$, 定义

$$f^*\omega(X_1, \cdots, X_k) := \omega(f(p))(\mathrm{d}f_p(X_1), \cdots, \mathrm{d}f_p(x_k)).$$

根据定义 3.25 知 $f^*\omega \in \mathcal{A}^*(M)$. 我们称 $f^*(\omega)$ 为 ω 在映射 f 下的**拉回**. 微分形式关于光滑映射的拉回的自然性体现在下述命题中, 证明留作练习.

命题 3.7 设 M, N 为两个光滑流形, $f: M \to N$ 为光滑映射, 拉回映射 $f^*: \mathcal{A}^*(N) \to \mathcal{A}^*(M)$ 满足:

(1) $f^*(\omega \wedge \eta) = f^*\omega \wedge f^*\eta \quad (\omega \in \mathcal{A}^k(N), \eta \in \mathcal{A}^l(N));$
(2) $\mathrm{d}(f^*\omega) = f^*(\mathrm{d}\omega) \quad (\omega \in \mathcal{A}^k(M)).$

4. 内乘

设 M 为一光滑流形, 对一个光滑 k 形式 ω, 以及光滑向量场 $X \in \mathfrak{X}(M)$, 令

$$(i(X)(\omega))(X_1, \cdots, X_{k-1}) = k\omega(X, X_1, \cdots, X_{k-1}), \quad \forall X_1, \cdots, X_{k-1} \in \mathfrak{X}(M).$$

根据定义 3.25, 上述方式给出一个光滑 $k-1$ 形式. 我们称映射

$$\mathcal{A}^k(M) \ni \omega \longrightarrow i(X)(\omega) \in \mathcal{A}^{k-1}(M)$$

为关于 X 的内乘.

3.6 de Rham 上同调

到这里, 读者可能有点 "云山雾罩" 了. 为什么要在流形上引入微分形式? 实际上, 微分形式可以看成是流形上的线性代数. 它是基于每点切空间的代数结构产生的一种 "场"(用向量丛的语言被称为截面), 那么这个 "场" 的形成势必受流形整体的影响, 所以对各种各样 "场" 的深入研究就有机会反过来体现流形整体的拓扑性质. 之前提及的 Poincaré-Hopf 定理就是流形上向量场和流形整体拓扑关系的一种体现. 本节要介绍的 de Rham 上同调就是上述想法之于微分形式和外微分运算后得到的关于流形的丰硕信息.

$\mathcal{A}^k(M)$ 是流形上光滑 k 形式的全体, 它在逐点加法和数乘下构成一个线性空间. 外微分运算

$$\mathrm{d}: \mathcal{A}^k(M) \longrightarrow \mathcal{A}^{k+1}(M)$$

是一个线性映射.

我们关心两个特殊的线性子空间:

$$\mathcal{Z}^k(M) = \mathrm{Ker}\left(\mathrm{d}: \mathcal{A}^k(M) \to \mathcal{A}^{k+1}(M)\right),$$

$$\mathcal{B}^k(M) = \mathrm{Im}\left(\mathrm{d}: \mathcal{A}^{k-1}(M) \to \mathcal{A}^k(M)\right).$$

称 $\mathcal{Z}^k(M)$ 中的元素为 k 次闭形式, $\mathcal{B}^k(M)$ 为 k 次恰当形式. 由于 $\mathrm{d} \circ \mathrm{d} \equiv 0$, 所以 $\mathcal{B}^k(M)$ 为 $\mathcal{Z}^k(M)$ 的线性子空间.

定义 3.26 (de Rham 上同调) 设 M 为一 n 维光滑流形, 商空间

$$H_{dR}^k(M) = Z^k(M)/B^k(M)$$

被称为 M 的**第 k 个 de Rham 上同调群**, 直和

$$H_{dR}^*(M) = \bigoplus_{k=0}^{n} H_{dR}^k(M)$$

被称为 M 的 de Rham **上同调群**.

注 其实 $H_{dR}^k(M)$ 是一个线性空间, 只不过因为大多数同调理论产生的都是群, 所以我们仍然用群这个称呼.

注 用同调代数的语言, de Rham 上同调群就是下面的**上链复形**

$$0 \to \mathcal{A}^0(M) \xrightarrow{\mathrm{d}} \mathcal{A}^1(M) \xrightarrow{\mathrm{d}} \mathcal{A}^2(M) \xrightarrow{\mathrm{d}} \cdots \xrightarrow{\mathrm{d}} \mathcal{A}^n(M) \to 0$$

对应的上同调.

对于一个 k 次闭形式 $\omega \in \mathcal{A}^k(M)$, 用 $[\omega]$ 记它在 $H_{dR}^k(M)$ 中的元素, 称为 ω 代表的上同调类. 那么根据商空间的定义, 有

$$[\omega] = [\omega'] \quad \text{当且仅当} \quad \omega' = \omega + \mathrm{d}\eta.$$

这时称 ω 和 ω' 是**同调的**, 记为 $\omega \sim \omega'$. $\mathcal{A}^*(M)$ 上的外积运算自然地诱导了 $H_{dR}^*(M)$ 上的一个乘法运算. 事实上, 对于次数固定的上同调类我们定义

$$[\omega][\gamma] = [\omega \wedge \gamma].$$

再按乘法分配律自然推广.

对于上述定义, 首先注意到如果 ω, γ 都是闭形式, 则 $\omega \wedge \gamma$ 也是一个闭形式, 所以可以谈论其所对应的等价类. 其次由于该定义使用了等价类, 自然需验证和等价类中代表元的选取无关. 为此设 $\omega' \in [\omega], \gamma' \in [\gamma]$ 为两个不同的代表元, 所以存在 α, β, 使得

$$\omega' = \omega + \mathrm{d}\alpha, \quad \gamma' = \gamma + \mathrm{d}\beta.$$

接下来证 $\omega' \wedge \gamma' \sim \omega \wedge \gamma$. 设 ω 为一个 k 形式, 有

$$\begin{aligned}
\omega' \wedge \gamma' &= (\omega + \mathrm{d}\alpha) \wedge (\gamma + \mathrm{d}\beta) \\
&= \omega \wedge \gamma + \mathrm{d}\alpha \wedge \gamma + \omega \wedge \mathrm{d}\beta + \mathrm{d}\alpha \wedge \mathrm{d}\beta \\
&= \omega \wedge \gamma + \mathrm{d}(\alpha \wedge \gamma + (-1)^k \omega \wedge \beta + \alpha \wedge \beta),
\end{aligned}$$

所以 $\omega' \wedge \gamma' \sim \omega \wedge \gamma$.

在计算 de Rham 上同调群方面, 若 M 为 n 维流形, 则对 $k < 0$ 或 $k > n$ 时, 自然有 $H_{dR}^k(M) = 0$.

零阶上同调群可以按定义直接计算.

例题 3.14(零阶上同调) $H_{dR}^0(M) = \mathbb{R}^k$, 其中 k 为 M 的连通分支个数.

解 对于零阶上同调, 只需要考虑 $Z^0 = \text{Ker}(\text{d} : \mathcal{A}^0(M) \to \mathcal{A}^1(M))$. 若 $f \in \mathcal{A}^0(M)$ 满足 $\text{d}f = 0$, 则 f 必是局部为常值的函数, 所以 $H_{dR}^0(M)$ 就同构于 $\mathbb{R}^k$, 其中 k 是 M 连通分支的个数.

关于 de Rham 上同调, 我们介绍两个重要的性质, 它们也可以被认为是计算 de Rham 上同调的重要工具. 这两个工具的证明, 读者可以参考常规的微分流形教科书, 如 [13].

3.6.1 同伦不变性

定义 3.27(同伦) 映射 $f, g : M \to N$ 如果存在一个连续映射 $H : M \times [0,1] \to N$ 使得 $H(x,0) = f(x), H(x,1) = g(x)$, 则称 f 和 g 是**同伦**的, 记为 $f \sim g$.

定义 3.28(同伦等价) 对 M, N 两个光滑流形, 若存在映射 $f : M \to N$ 以及 $g : N \to M$, 使得
$$g \circ f \sim \text{id}_M, \quad f \circ g \sim \text{id}_N,$$
则称 M 和 N 是**同伦等价**的.

定理 3.9(同伦不变性) 若两个光滑流形 M 和 N 是同伦等价的, 则对任意 k, $H_{dR}^k(M)$ 同构于 $H_{dR}^k(N)$.

例题 3.15 根据定义计算单点集 M 的 de Rham 上同调群.

解 对于单点集而言, $\mathcal{A}^0(M)$ 同构于 $\mathbb{R}$, 其他 $\mathcal{A}^k(M)$ 都是 0 维线性空间, 所以
$$H_{dR}^k(M) = \begin{cases} \mathbb{R}, & k = 0, \\ 0, & k \text{ 其他}. \end{cases}$$

由于星状区域和单点集是同伦等价的, 所以有:

推论 3.1 设 $U \subset \mathbb{R}^n$ 为一个星状区域, 则 $H_{dR}^k(U) = 0, \forall k \geqslant 1$.

该推论表明如果 ω 是星状区域 U 上的一个闭的 k 形式 ($k \geqslant 1$), 则它一定是恰当的. 上述结论也被称为 Poincaré 引理. 由于任意流形每点都有邻域同胚于欧氏的球, 这样流形上任何闭的 k 形式局部总是恰当的.

定义 3.29 设 X 为一拓扑空间, $p \in X$ 为其上给定一点, 若恒同映射 $\text{id} : X \to X$ 和常值映射 $c_p : X \to p \in X$ 是同伦的, 则称 X 是**可缩空间**.

推论 3.2 若 M 是一个可缩的光滑流形, 则 $H_{dR}^k(M) = 0, \forall k \geqslant 1, H_{dR}^0(M) = \mathbb{R}$.

例题 3.16($H_{dR}^1(M)$ 和基本群的关系) 设 M 为一连通光滑流形, $\text{Hom}(\pi_1(M), \mathbb{R})$ 表示 M 基本群到实数加群的同态映射全体. 可以定义一个映射 $\Phi : H_{dR}^1(M) \ni [\omega] \mapsto \Phi([\omega]) \in \text{Hom}(\pi_1(M), \mathbb{R})$, 其中
$$\Phi([\omega])([\gamma]) = \int_\gamma \omega,$$

这里 $[\gamma]$ 表示基本群中的一个道路等价类, γ 为一逐段光滑曲线代表 $[\gamma]$. 根据 Stokes 公式 (见后面的定理 3.11), 可以验证 Φ 是合理定义的.

下面来证明: Φ 是一个单射 (注: 实际上这是一个同构, 称为 **Hurewicz 定理**.)

首先注意到 $\mathrm{Hom}(\pi_1(M), \mathbb{R})$ 在同态的加法和数乘下构成一个线性空间, 而 Φ 是一个线性映射, 所以为证单射性, 只需证明如果

$$\Phi([\omega])([\gamma]) = \int_\gamma \omega = 0, \quad \forall [\gamma] \in \pi_1(M), \tag{3.7}$$

则 $[\omega] = 0$, 即 ω 是一个恰当形式. 为此我们固定一点 $p \in M$, 对于 $q \in M$, 任取一条分段光滑曲线 γ 连接 p, q, 定义

$$f(q) = \int_\gamma \omega.$$

条件 (3.7) 表明积分与路径无关, 所以上式是合理定义的, 在局部坐标卡下简单计算易知 $\mathrm{d}f = \omega$.

由于有限群到实数加群的非平凡群同态是不存在的, 所以我们有如下推论:

推论 3.3 如果光滑连通流形 M 基本群是有限群, 则 $H^1_{dR}(M) = 0$.

3.6.2 Mayer-Vietoris 序列

定义 3.30(正合列) 对于一列线性空间 $\{V_p\}$ 以及其间的线性映射 $\{F_p\}$,

$$\cdots \longrightarrow V_{p-1} \xrightarrow{F_{p-1}} V_p \xrightarrow{F_p} V_{p+1} \longrightarrow \cdots,$$

如果 $\mathrm{Im}\, F_{p-1} = \ker F_p, \forall p$, 称其为**正合的**.

定理 3.10(Mayer-Vietoris 序列) 设 M 为一个光滑流形, U, V 为两个开集, 且 $U \cup V = M$, 则对任意 p, 存在线性映射 $\delta: H^p_{dR}(U \cap V) \to H^{p+1}_{dR}(M)$, 使得下列序列

$$\cdots \xrightarrow{\delta} H^p_{dR}(M) \xrightarrow{k^* \oplus l^*} H^p_{dR}(U) \oplus H^p_{dR}(V) \xrightarrow{i^* - j^*} H^p_{dR}(U \cap V) \xrightarrow{\delta} H^{p+1}_{dR}(M) \longrightarrow \cdots$$

是正合的, 称该序列为关于 U, V 的 **Mayer-Vietoris 序列**, 简称 M-V 序列.

> **注** 此处 $i: U \cap V \to U, j: U \cap V \to V, k: U \to M, l: V \to M$ 分别为含入映射, 它们诱导的上同调之间的映射记为 i^*, j^*, k^*, l^*. 这些诱导映射实际上就是微分形式在相应子集上的限制罢了.

利用 M-V 序列, 我们可以计算球面的 de Rham 上同调.

例题 3.17 $\mathbb{S}^n$ 的 de Rham 上同调为

$$H^p_{dR}(\mathbb{S}^n) \cong \begin{cases} \mathbb{R}, & p = 0, n, \\ 0, & 0 < p < n. \end{cases}$$

解 首先根据 0 维同调和连通性的关系，$H^0_{dR}(\mathbb{S}^n) = \mathbb{R}, \forall n$. 我们只需考虑 $p \geqslant 1$ 的情况. 为此我们按维数做归纳. 首先根据上例提到的 Hurewicz 定理, 我们有 $H^1_{dR}(\mathbb{S}^1) = \mathbb{R}$. 所以结论对于 $n = 1$ 成立.

现设 $n \geqslant 2$, 假设定理对 $\mathbb{S}^{n-1}$ 成立. 因为 $\mathbb{S}^n$ 是单连通的, 所以根据上例, $H^1_{dR}(\mathbb{S}^n) = 0$. 记 N 和 S 分别为 $\mathbb{S}^n$ 北极和南极点. 令 $U = \mathbb{S}^n \setminus \{S\}, V = \mathbb{S}^n \setminus \{N\}$. U 和 V 都微分同胚于 $\mathbb{R}^n$, 并且 $U \cap V$ 微分同胚于 $\mathbb{R}^n \setminus \{0\}$, 也就是同伦等价于 $\mathbb{S}^{n-1}$. 关于 (U, V) 的 Mayer-Vietoris 序列可以写成

$$\cdots \to H^{p-1}_{dR}(U) \oplus H^{p-1}_{dR}(V) \to H^{p-1}_{dR}(U \cap V) \to H^p_{dR}(\mathbb{S}^n) \to H^p_{dR}(U) \oplus H^p_{dR}(V) \to \cdots.$$

注意到左右两端对于 $p > 1$ 都是平凡的, 所以 $H^p_{dR}(\mathbb{S}^n) \cong H^{p-1}_{dR}(U \cap V) \cong H^{p-1}_{dR}(\mathbb{S}^{n-1})$.

利用连通性, 可知 $\mathbb{R}$ 和 $\mathbb{R}^m, m \geqslant 2$ 是不同胚的; 通过基本群, 可以论证 $\mathbb{R}^2$ 和 $\mathbb{R}^m, m \geqslant 3$ 是不同胚的; 利用同调群, 我们可以得到

推论 3.4(拓扑维数不变性) 若 $n \neq m$, 则 $\mathbb{R}^n$ 和 $\mathbb{R}^m$ 不同胚.

证明 只需考虑 $n, m \geqslant 3$ 的情况, 若 $\mathbb{R}^n$ 和 $\mathbb{R}^m$ 同胚, 则 $\mathbb{R}^n \setminus 0$ 和 $\mathbb{R}^m \setminus 0$ 也是同胚的, 而前者同伦等价于 $\mathbb{S}^{n-1}$, 后者同伦等价于 $\mathbb{S}^{m-1}$, 但当 $n \neq m$ 时, 两者有不同构的 de Rham 上同调群, 矛盾.

3.7 积分和 Stokes 定理

为考虑流形上的积分, 需引入定向的概念. 我们先对有限维线性空间引入定向的概念. 如果一线性空间的两组基之间转移矩阵的行列式是正的, 就称这两组基是等价的. 这个等价关系的等价类就被称为线性空间的定向, 所以一个线性空间恰有两个定向. 在流形上如果每点切空间选定一个定向, 并且这种选择和局部坐标是 "协调" 的, 就称该流形为可定向流形. 具体来说,

定义 3.31(定向) 如果流形 M 存在一个图册 $\{U_\alpha, \varphi_\alpha, x_1, \cdots, x_n\}$, 使得任何转移函数的 Jocobi 矩阵行列式都是正的, 则称 M 为**可定向流形**. 事实上, 我们就规定 T_pM 的定向由在任意坐标卡下基向量 $\left\{\dfrac{\partial}{\partial x_1}, \cdots, \dfrac{\partial}{\partial x_n}\right\}$ 所在的等价类给出, 由于任何转移函数的 Jocobi 矩阵行列式都是正的, 这个定义是合理的. 图册 $\{U_\alpha, \varphi_\alpha, x_1, \cdots, x_n\}$ 称为流形 M 的一个定向图册.

设 M 为一个 n 维光滑流形, 则 $\omega \in \mathcal{A}^n(M)$ 在一个局部坐标卡 $(U, \varphi, x_1, \cdots, x_n)$ 下就形如

$$\omega = f(x_1, \cdots, x_n) \mathrm{d}x_1 \wedge \mathrm{d}x_2 \wedge \cdots \wedge \mathrm{d}x_n.$$

如果就定义 ω 在 U 上的积分为
$$\int_U \omega = \int_{\varphi(U)} f(x_1,\cdots,x_n)\mathrm{d}x_1\mathrm{d}x_2\cdots\mathrm{d}x_n, \tag{3.8}$$
那么需要验证该定义与坐标卡的选取无关. 设 $(U,\psi,y_1,\cdots,y_n)$ 为另一个局部坐标卡, 这样 ω 在坐标 $(y_1,\cdots,y_n)$ 下可表为
$$\omega = f(x_1(y_1,\cdots,y_n),\cdots,x_n(y_1,\cdots,y_n))\det\left(\frac{\partial x_i}{\partial y_j}\right)\mathrm{d}y_1\wedge\mathrm{d}y_2\wedge\cdots\wedge\mathrm{d}y_n.$$
按 (3.8) 式, $\int_U \omega$ 也应该为
$$\int_U \omega = \int_{\psi(U)} f(x_1(y_1,\cdots,y_n),\cdots,x_n(y_1,\cdots,y_n))\det\left(\frac{\partial x_i}{\partial y_j}\right)\mathrm{d}y_1\mathrm{d}y_2\cdots\mathrm{d}y_n. \tag{3.9}$$
根据多元微积分中的变量代换公式, 有
$$\int_{\varphi(U)} f(x_1,\cdots,x_n)dx_1\cdots dx_n$$
$$= \int_{\psi(U)} f(x_1(y_1,\cdots,y_n),\cdots,x_n(y_1,\cdots,y_n))\left|\det\left(\frac{\partial x_i}{\partial y_j}\right)\right|\mathrm{d}y_1\cdots\mathrm{d}y_n.$$

所以如果不同坐标卡之间的转移函数的 Jacobi 矩阵行列式 $\left(\det\left(\frac{\partial x_i}{\partial y_j}\right)\right)$ 是正的, (3.8), (3.9) 两式就相同了, 也就表明 $\int_U \omega$ 的定义是合理的. 上述条件正好就是 M 为可定向流形的定义.

于是在可定向流形上, 可以合理定义一个 n 形式在某个局部坐标卡上的积分. 整体上, 对于一个 n 形式 ω, 如果它的支撑集
$$\operatorname{supp}\omega = \overline{\{p\in M; \omega_p \neq 0\}}$$
是紧致的, 可以利用单位分解 (参见附录 A.3) 来定义其积分. (实际上, 积分总是可以定义的. 这里只不过为了可积性, 提出紧支集的条件.)

定义 3.32 (n 形式的积分) 设 M 为可定向流形, 取一个定向相容、局部有限的坐标卡开覆盖 $\{U_i\}$, 然后取一个从属于 $\{U_i\}$ 的单位分解 $\{f_i\}$. 定义
$$\int_M \omega = \sum_i \int_{U_i} f_i\omega.$$

命题 3.8 上述定义和开覆盖的选取以及单位分解的选取均无关.

证明 设 $\{V_j\}$ 为另一个局部有限的坐标卡开覆盖, $\{g_j\}$ 是从属于其的一个单位分解. 因为 $\sum_j g_j = 1$, 所以
$$\int_{U_i} f_i\omega = \sum_j \int_{U_i} f_i g_j \omega.$$

由于 $f_i g_j \omega$ 的支撑集落在 $U_i \cap V_j$ 中, 则有

$$\int_{U_i} f_i g_j \omega = \int_{V_j} f_i g_j \omega.$$

于是

$$\sum_i \int_{U_i} f_i \omega = \sum_{i,j} \int_{U_i} f_i g_j \omega = \sum_{i,j} \int_{V_j} f_i g_j \omega = \sum_j \int_{V_j} g_j \omega.$$

若 M 为一可定向带边流形, 我们赋予 ∂M 一个诱导定向.

定义 3.33(带边流形的诱导定向) 设 M 为一个可定向带边流形, 设其定向已固定. 对于 $p \in \partial M$, 存在坐标卡 $(U, \varphi, x_1, \cdots, x_n)$ 使得 $\varphi(\partial M \cap U) \subset \{x_n = 0\}$, 称 $-\dfrac{\partial}{\partial x_n}$ 为 M 在 p 的**外法向**, 记为 ν.

对于 $T_p \partial M$ 的一组基 $v_1, \cdots, v_{n-1}$, 如果 $\nu, v_1, \cdots, v_{n-1}$ 为 M 的给定定向, 则称其为 ∂M 上的**诱导定向**.

下面我们可以陈述关于微分形式积分最重要的公式.

定理 3.11(Stokes 公式) 设 M 为一 n 维可定向流形, ω 为其上一个具有紧支集的 $n-1$ 形式, 则

$$\int_M \mathrm{d}\omega = \int_{\partial M} i^*(\omega). \tag{3.10}$$

注意, 在这里 ∂M 带有诱导定向, $i: \partial M \to M$ 是自然的含入映射.

特别地, 如果 M 为一 n 维紧致带边流形, 则

$$\int_M \mathrm{d}\omega = 0, \quad \forall \omega \in \mathcal{A}^{n-1}(M).$$

证明 由于 (3.10) 式两端关于 ω 都是线性的, 再根据积分的定义, 实际上只需要对在坐标卡 (U, φ) 上有紧支集的 ω 验证 (3.10) 式即可.

不失一般性, 可以分为 $\varphi(U) = B_1(0)$ 和 $\varphi(U) = B_1^+(0)$ 两种情况.

情况一 $\varphi(U) = B_1(0)$. 可设

$$\omega = \sum_{i=1}^n a_i(x) \mathrm{d}x_1 \wedge \cdots \wedge \mathrm{d}x_{i-1} \wedge \mathrm{d}x_{i+1} \wedge \cdots \wedge \mathrm{d}x_n.$$

则

$$\mathrm{d}\omega = \left(\sum_{i=1}^n (-1)^{i-1} \frac{\partial a_i}{\partial x_i}\right) \mathrm{d}x_1 \wedge \cdots \wedge \mathrm{d}x_n.$$

此时

$$\int_U \mathrm{d}\omega = \sum_{i=1}^n (-1)^{i-1} \int_{B_1(0)} \frac{\partial a_i}{\partial x_i} \mathrm{d}x_1 \cdots \mathrm{d}x_n = 0. \tag{3.11}$$

这里用到了 a_i 在 $B_1(0)$ 具有紧支集.

情况二 $\varphi(U) = B_1^+(0)$. 由于 a_n 在 $B_1^+(0)$ 上具有紧支集 $a_n(x_1,\cdots,x_{n-1},0)$ 可以非零, 继续 (3.11) 式的计算, 有

$$\int_U \mathrm{d}\omega = \sum_{i=1}^n (-1)^{i-1} \int_{B_1(0)} \frac{\partial a_i}{\partial x_i} \mathrm{d}x_1 \cdots \mathrm{d}x_n$$
$$= (-1)^n \int_{B_1^+(0) \cap \mathbb{R}^{n-1}} a_n(x_1,\cdots,x_{n-1},0) \, \mathrm{d}x_1 \cdots \mathrm{d}x_{n-1}.$$

而后者恰为 ω 在边界 ∂U 上的限制后的积分, 即 $\int_{\partial U} i^*(\omega)$.

*3.8 de Rham 定理简介

3.8.1 奇异同调

<u>定义 3.34</u> 称

$$\Delta^k = \{x = (x_1,\cdots,x_k) \in \mathbb{R}^k; x_1,\cdots,x_k \geqslant 0, x_1+\cdots+x_k \leqslant 1\}$$

为**标准 k 单形**. 对于任意的拓扑空间 X, 称一个连续映射

$$\sigma: \Delta^k \to X$$

为一个**奇异 k 单形**. 由奇异 k-单形生成的自由 Abel 群记为 $S_k(X)$, 其中的元素都是奇异 k-单形的整系数线性组合, 叫作 X 的**奇异 k 链**.

对于 $i = 0, 1, \cdots, k$, 定义 $\varepsilon_i : \Delta^{k-1} \to \Delta^k$ 为

$$\varepsilon_0(x_1,\cdots,x_{k-1}) = \left(1 - \sum_{i=1}^{k-1} x_i, x_1, \cdots, x_{k-1}\right),$$

$$\varepsilon_i(x_1,\cdots,x_{k-1}) = (x_1,\cdots,x_{i-1},0,x_i,\cdots,x_{k-1}), \quad i = 1,\cdots,k.$$

定义作用在一个奇异 k 单形上的**边缘算子** ∂ 为

$$\partial \sigma = \sum_{i=0}^k (-1)^i \sigma \circ \varepsilon_i. \tag{3.12}$$

实际上此定义就是将 σ 在 Δ^k 的边界上以交错和的方式做限制, 并统一其定义域为 Δ^{k-1}. 我们要按显然的线性方式将其拓展到 $S_k(X)$ 上得到边缘算子 $\partial : S_k(X) \to S_{k-1}(X)$. 关

于边缘算子一个重要的**事实**是 $\partial \circ \partial \equiv 0$ (见本章习题 30). 其背后的几何意义是明确的: 一个几何体的边界自身是没有边界的.

因为 $\partial \circ \partial \equiv 0$, 我们得到一个链复形

$$\cdots \xrightarrow{\partial} S_{k+1}(M) \xrightarrow{\partial} S_k(M) \xrightarrow{\partial} S_{k-1}(M) \cdots$$

如此和 de Rham 上同调一样, 我们可以定义如下对象:

$$Z_k(M) = \{c \in S_k(M) | \partial c = 0\},$$

其中的元素称为 k **维闭链**;

$$B_k(M) = \{c \in S_k(M) | c = \partial d, d \in S_{k+1}(M)\},$$

其中的元素称为 k **维边缘链**. 易知 $B_k(M)$ 是 $Z_k(M)$ 正规子群.

定义 3.35 商群

$$H_k(M) = Z_k(M)/B_k(M)$$

被称为 M 的第 k 个奇异同调群.

注 读者可以对奇异同调建立起以下简单的直观: 任何 $H_k(M)$ 中的非零元素, 代表一个 M 中的无边界 ($\partial = 0$) 的 "k 维子流形", 而这个家伙又不可能是一个 $k+1$ 维的边界, 所以可以将其看成 M 中一个 k 维的 "洞".

注 奇异同调的性质和计算工具里也有同伦不变性、Mayer-Vietories 序列等, 详细可参考 [11].

注 由于上述定义中 $S_k(M)$ 的元素都是奇异 k 单形的整系数线性组合, 通常也将 $H_k(M)$ 记为 $H_k(M; \mathbb{Z})$, 称为第 k 个整系数奇异同调群. 事实上, 定义同调时也不必限于整系数线性组合. 一般地可取一个 Abel 群 G, 考虑 $S_k(M)$ 为奇异 k 单形的 G 元素组合, 就能得到相应的同调群 $H_k(M; G)$, 称为系数为 G 的奇异同调群. 选择系数群的自由会带来极大的便利, 有时甚至是关键的.

3.8.2 de Rham 定理

代数上, 对于链复形 $\{S_k(M), \partial\}$, 可以定义一个对偶上链复形 $\{\text{Hom}(S_k(M), \mathbb{Z}), \delta\}$, 其对应的上同调群称为奇异上同调群, 其中 $\text{Hom}(S_k(M), \mathbb{Z})$ 表示从 $S_k(M)$ 到整数加群的群同态全体, $\delta : \text{Hom}(S_k(M), \mathbb{Z}) \to \text{Hom}(S_{k+1}(M), \mathbb{Z})$ 定义为 $\delta(I)(\sigma) := I(\partial \sigma)$, 其中 $I \in \text{Hom}(S_k(M), \mathbb{Z}), \sigma \in S_{k+1}(M)$. 读到这里, 想必读者联想到了之前介绍的 de Rham

上同调: 一个由微分形式得到的链复形 $\{\mathcal{A}^k(M), d\}$ 的同调产物. 它和我们说的奇异上同调有什么关系呢? 由于奇异上同调中的元素来自 $\mathrm{Hom}(S_k(M), \mathbb{Z})$, 也就是将一个奇异 k 链变成整数的同态运算, 如此一想, 对微分形式作积分岂不是一个天然的候选?

确实利用积分作桥梁可以建立起两个同调之间的联系. 首先对奇异同调稍加技术处理. 由于奇异链是连续映射, 为了适应光滑微分形式, 考虑光滑映射

$$\sigma: \Delta^k \to M,$$

称其生成的自由 Abel 群为**光滑奇异 k 链**, 记为 $S_k^\infty(M)$. 于是有光滑的奇异链复形 $\{S_k^\infty(M), \partial\}$, 这是奇异链复形的一个子复形, 但是对于光滑流形而言, 两者的同调群是同构的. 对偶于 $\{S_k^\infty(M), \partial\}$ 的链复形产生的上同调群记为 $H^k(M)$, 它和奇异上同调群也是同构的. 简言之, 对于光滑流形而言, 通过单形定义的奇异同调并不依赖于映射的正则性. 所以我们之后总是假定处理的奇异链是光滑的.

对于给定的 $\omega \in \mathcal{A}^k(M)$, 以及 $\sigma \in S_k^\infty(M)$, 定义

$$I(\omega)(\sigma) = \int_{\Delta^k} \sigma^*(\omega).$$

再按线性方式延拓成 $S_k^\infty(M)$ 上的线性映射, 由此得到

$$I: \mathcal{A}^k(M) \to \mathrm{Hom}(S_k^\infty(M); \mathbb{R}) := S_\infty^k(M).$$

命题 3.9 映射

$$I: \mathcal{A}^k(M) \to S_\infty^k(M)$$

使下图交换

$$\begin{array}{ccc} \mathcal{A}^k(M) & \xrightarrow{d} & \mathcal{A}^{k+1}(M) \\ \downarrow I & & \downarrow I \\ S_\infty^k(M) & \xrightarrow{\delta} & S_\infty^{k+1}(M) \end{array}$$

证明 上述图表的交换性就是 Stokes 公式的体现: 取 $\omega \in \mathcal{A}^k(M)$, $c \in S_{k+1}^\infty(M)$ 那么根据 Stokes 公式, 有

$$I(d\omega)(c) = \int_c d\omega = \int_{\partial c} \omega = I(\omega)(\partial c).$$

所以 $I \circ d = \delta \circ I$.

由此 I 将诱导出上同调群 $H_{dR}^k(M)$ 和 $H^k(M; \mathbb{R})$ 之间的同态. de Rham 在 20 世纪 30 年代证明了

定理 3.12 (de Rham) 由 I 诱导出 $H_{dR}^k(M)$ 和 $H^k(M; \mathbb{R})$ 之间的同态是同构.

de Rham 定理表明的是虽然 de Rham 上同调需要用到光滑结构, 其实它本质上体现的是一个拓扑现象, 并不依赖于流形上光滑结构的选取. de Rham 定理有很多证明, 我们给出一个对前置知识要求比较少的结构性证明.

证明 如果对于流形 M, $I: H_{dR}^p(M) \to H^p(M;\mathbb{R})$ 对任意 p 都是同构,就称其为一个 de Rham 流形. 所以我们的目标就是证明所有的光滑流形都是 de Rham 流形.

设 $\{U_i\}$ 是 M 的一个开覆盖,如果每个成员 U_i 都是 de Rham 流形,且任意有限交集 $U_{i_1} \cap U_{i_2} \cap \cdots \cap U_{i_k}$ 都是 de Rham 流形,则称该覆盖为一个 de Rham 覆盖. 如果一个 de Rham 覆盖的元素又构成了 M 作为拓扑空间的一个拓扑基,那么这个覆盖成为 M 的一个 de Rham 基.

下面开始逐步构建任意流形上的 de Rham 基.

第一步: 若 M_j 是 de Rham 流形,则它们的可数无交并 $\sqcup M_j$ 也是 de Rham 流形. 这是因为很容易证明无交并空间的 de Rham 上同调群就是每个分支的直和.

第二步: 每一个开的凸集 $U \subset \mathbb{R}^n$ 是一个 de Rham 流形. 对于 $p \neq 0$, $H_{dR}^p(U) = H^p(U;\mathbb{R}) = 0$. 所以同构是平凡的. 对于 $p = 0$, $H_{dR}^0(U)$ 是一维线性空间,对应于 U 上的常值函数;$H^0(U;\mathbb{R})$ 也是一维线性空间. 任取一个奇异 0 单形: $\sigma: \Delta_0 \to U$ 就构成 $H_0(U)$ 的一个基. 设 $f \equiv 1$,根据 I 的定义,发现

$$I(f)(\sigma) = \int_{\Delta_0} \sigma * f = f \circ \sigma(0) = 1.$$

也就是说 $I(f)$ 是 $H^0(U;\mathbb{R})$ 中的非零元. 由于 $\dim(H_{dR}^0(U)) = \dim(H^0(U;\mathbb{R})) = 1$,所以 I 自然是一个同构.

第三步: 如果 M 存在一个**有限** de Rham 覆盖,则 M 是 de Rham 流形. 这是最硬核的一步. 我们利用归纳法,设 $M = U \cup V$,其中 $U, V, U \cap V$ 都是 de Rham 流形. 所以在 M-V 序列中,得到下列交换图表:

$$\begin{array}{ccccccc}
H_{dR}^{p-1}(U) \oplus H_{dR}^{p-1}(V) & \to & H_{dR}^{p-1}(U \cap V) & \to & H_{dR}^p(M) & \to \\
\downarrow I & & \downarrow I & & \downarrow I & \\
H^{p-1}(U;\mathbb{R}) \oplus H^{p-1}(V;\mathbb{R}) & \to & H^{p-1}(U \cap V;\mathbb{R}) & \to & H^p(M;\mathbb{R}) & \to \\
\to & H_{dR}^p(U) \oplus H_{dR}^p(V) & \to & H_{dR}^p(U \cap V) & & \\
& \downarrow I & & \downarrow I & & \\
\to & H^p(U;\mathbb{R}) \oplus H^p(V;\mathbb{R}) & \to & H^p(U \cap V;\mathbb{R}). & &
\end{array}$$

根据归纳假设,第一、二、四、五的竖向箭头是同构,由同调代数的一个经典练习 (五引理) 可以推知中间竖向箭头也是一个同构.

现设 $M = U_1 \cup U_2 \cup \cdots \cup U_{k+1}$,可令 $U = U_1 \cup \cdots \cup U_k$, $V = U_{k+1}$,由于 $U \cap V = \bigcap_{i=1}^{k}(U_i \cap V)$ 这样根据归纳假设 U 和 $U \cap V$ 都是 de Rham 流形,所以 M 是 de Rham 流形.

第四步: 如果 M 有一个 de Rham 基,则 M 是 de Rham 流形. 设 $\{U_\alpha\}$ 是 M 的

一个 de Rham 基. 取一穷竭函数 $f : M \to \mathbb{R}$ (参见附录 A.3), 对 $m \in \mathbb{N}$, 令

$$A_m = \{q \in M : m \leqslant f(q) \leqslant m+1\},$$
$$A'_m = \left\{q \in M : m - \frac{1}{2} < f(q) < m + \frac{3}{2}\right\}, \tag{3.13}$$

$\forall p \in A_m$, 存在拓扑基中的开集 $A'_m \supset U_p \ni p$, 这样的开集构成了紧集 A_m 的开覆盖, 所以可以取一个有限子覆盖, 将这些子覆盖的并集记为 B_m, 根据第三步, B_m 是一个 de Rham 流形. 根据 A'_m 的定义, B_m 只有可能和 B_{m-1}, B_{m+1} 有非空交集. 这样

$$U = \bigcup_{m \text{ 偶数}} B_m, \quad V = \bigcup_{m \text{ 奇数}} B_m$$

均为 de Rham 流形的无交并, 所以也是 de Rham 流形. 类似的,

$$U \cap V = \bigsqcup_{m \text{ 偶数}} (B_m \cap B_{m+1}).$$

所以也是 de Rham 流形. 这样 $M = U \cup V$ 也是 de Rham 流形.

第五步: 任意 $\mathbb{R}^n$ 的开集是 de Rham 流形. 开球是欧氏拓扑的一组基, 且开球都是凸集, 根据第二步和第四步知任意开集是 de Rham 流形.

第六步: 任意光滑流形是 de Rham 流形, 这当然就是第四步和第五步的直接推论.

*3.9 Hodge 定理简介

本节对 Hodge 定理做一个简要介绍, 该理论的要点在于通过流形上的 Riemann 度量诱导出微分形式空间上的内积. 在这个内积空间中由外微分和 Hodge 星算子定义出流形 M 上的 Laplace 算子 Δ, 这是一个自伴线性椭圆算子, 有很好的分析性质. 这一套流程将椭圆算子理论引入微分形式的研究中. Hodge 定理是说任何一个上同调类中都有唯一的调和代表元, 这个代表元满足 $\Delta \omega = 0$. 更详细的介绍请读者参阅文献 [25] 的第一章.

定义 3.36(Riemann 度量) 设 M 为一光滑流形, 以光滑的方式在每点切空间 T_pM 指定一个正定对称的双线性形式

$$g_p : T_pM \times T_pM \to \mathbb{R},$$

g 被称为 M 上的一个 **Riemann 度量**, (M, g) 被称为一个 **Riemann 流形**.

所谓光滑的方式, 就是在任一坐标卡 $(U, x_1, \cdots, x_n)$ 下,

$$g_{ij}(p) = g_p(\partial_{x_i}, \partial_{x_j}), \quad p \in U$$

是 U 上的 $n\times n$ 对称正定矩阵值光滑函数. 至于 Riemann 度量的存在性, 可以先在局部坐标卡上引入光滑 Riemann 度量, 然后再用单位分解拼凑成整体的 Riemann 度量.

Riemann 度量 g 作为切空间上的内积, 自然诱导了 $\Lambda^k T_p^* M$ 上的内积. 具体来说, 取定 T_pM 上关于 g_p 的一组正交基 $\{e_1,\cdots,e_n\}$, 其对偶基记为 $\{\theta_1,\cdots,\theta_n\}$. 规定

$$\theta_{i_1} \wedge \cdots \wedge \theta_{i_k}, \quad 1 \leqslant i_1 < \cdots < i_k \leqslant n$$

为 $\Lambda^k T_p^* M$ 的一组正交基. 可以验证, 这样的规定和正交基 $\{e_1,\cdots,e_n\}$ 的选取无关. 该逐点内积之于整个流形表示为

$$\langle \cdot,\cdot \rangle : \mathcal{A}^k(M) \times \mathcal{A}^k(M) \to C^\infty(M).$$

设 (M,g) 为一可定向 Riemann 流形, 根据 g 在 $\Lambda^k T_p^* M$ 上诱导的度量, 我们可以定义一个线性等距同构:

$$*_p : \Lambda^k T_p^* M \cong \Lambda^{n-k} T_p^* M.$$

具体而言, 设 $\theta_1,\cdots,\theta_n$ 为 T_pM 上的正向正交基 $\{e_1,\cdots,e_n\}$ 的对偶基, 对于一个指标集合 $I: i_1 < i_2 < \cdots < i_k$, 设 $J: j_1 < \cdots j_{n-k}$ 为其关于 $1,2,\cdots,n$ 的指标补集. 记 $\theta_I = \theta_{i_1} \wedge \cdots \theta_{i_k}$, 记号 $\mathrm{sgn}(I,J)$ 表示排列 $i_1,\cdots,i_k,j_1,\cdots,j_{n-k}$ 的奇偶性指标. 规定

$$*_p(\theta_I) = \mathrm{sgn}(I,J)\theta_J,$$

再以线性的方式延拓到整个 $\Lambda^k T_p^* M$ 上. 该逐点映射 $*_p$ 之于整个流形就得到了一个线性同构

$$* : \mathcal{A}^k(M) \to \mathcal{A}^{n-k}(M),$$

被称为 Hodge 星算子. $*1 \in \mathcal{A}^n(M)$ 称为**体积形式**, 记为 ν_M.

命题 3.10 Hodge 星算子满足以下性质: $\forall f,g \in C^\infty(M)$ 以及 $\omega,\eta \in \mathcal{A}^k(M)$, 以下成立:

(1) $*(f\omega + g\eta) = f*\omega + g*\eta$;

(2) $**\omega = (-1)^{k(n-k)}\omega$;

(3) $\omega \wedge *\eta = \eta \wedge *\omega = \langle \omega,\eta \rangle v_M$;

(4) $*(\omega \wedge *\eta) = *(\eta \wedge *\omega) = \langle \omega,\eta \rangle$;

(5) $\langle *\omega, *\eta \rangle = \langle \omega,\eta \rangle$.

利用 Hodge 星算子, 定义

$$\mathrm{d}^* = (-1)^{n(k+1)+1} * \mathrm{d}* : \mathcal{A}^k(M) \to \mathcal{A}^{k-1}(M).$$

定义 3.37 对于 Riemann 流形 M,

$$\Delta = \mathrm{dd}^* + \mathrm{d}^*\mathrm{d} : \mathcal{A}^k(M) \to \mathcal{A}^k(M)$$

称为 **Laplace-Beltrami 算子**. 如果 $\Delta\omega = 0$, 则称 ω 为一个**调和形式**, 调和零形式称为**调和函数**.

设 (M,g) 是一个可定向紧致无边 Riemann 流形. 任取 $\omega, \eta \in \mathcal{A}^k(M)$, 通过对 $\langle\omega,\eta\rangle$ 关于体积形式积分可以得到 $\mathcal{A}^k(M)$ 上的一个内积:

$$(\omega,\eta) = \int_M \langle\omega,\eta\rangle\nu_M.$$

根据命题 3.10 的性质 (3), 也可以将内积写成

$$(\omega,\eta) = \int_M \omega \wedge *\eta = \int_M \eta \wedge *\omega.$$

此外, 性质 (5) 表明

$$(*\omega, *\eta) = (\omega,\eta),$$

这说明 Hodge 星算子是保持内积的.

命题 3.11 d^* 是 d 的伴随算子, 即对于 $\omega, \eta \in \mathcal{A}^*(M)$, 有

$$(d\omega, \eta) = (\omega, d^*\eta).$$

命题 3.12 Laplace 算子满足以下性质:

(1) $*\Delta = \Delta *$. 所以如果 ω 是调和形式, $*\omega$ 也是;

(2) Δ 是一个自伴算子, 即

$$(\Delta\omega, \eta) = (\omega, \Delta\eta), \quad \forall \omega, \eta \in \mathcal{A}^*(M);$$

(3) $\Delta\omega = 0$ 当且仅当 $d\omega = 0$ 以及 $d^*\omega = 0$.

有了这些准备工作, 便可以陈述 Hodge 定理. 首先将全体 k 次调和形式记为

$$\mathcal{H}^k(M) := \{\omega \in \mathcal{A}^k(M), \Delta\omega = 0\}.$$

由于调和形式都是闭形式, 可以送到它代表的 de Rham 上同调类, 从而得到一个自然的映射

$$\iota : \mathcal{H}^k(M) \to H^k_{dR}(M).$$

定理 3.13 (Hodge) 设 M 为紧致可定向 Riemann 流形, 则映射 $\iota : \mathcal{H}^k(M) \to H^k_{dR}(M)$ 是一个同构, 换言之, 上同调中的每个元素都存在唯一的调和代表元.

该定理的证明超过了本书要讨论的范围, 读者可参阅 [25] 的第一章. 仔细体会一下, 调和形式依赖于 Riemann 度量的选取, 但根据 de Rham 定理, 它们无形中又受制于流形的整体拓扑. 可谓是 "Riemann 度量千千万, 调和形式不离奇 (奇异同调)".

最后举一些 Hodge 定理的简单应用作为本节的结束. 对紧致可定向流形 M, 可以定义如下双线性映射:

$$H^k_{dR}(M) \times H^{n-k}_{dR}(M) \to \mathbb{R}$$

$$([\omega], [\eta]) \mapsto \int_M \omega \wedge \eta.$$

鉴于

$$\int_M (\omega + \mathrm{d}\alpha) \wedge (\eta + \mathrm{d}\beta) = \int_M \omega \wedge \eta + \int_M \mathrm{d}\left(\alpha \wedge \eta + (-1)^k \omega \wedge \beta + \alpha \wedge \mathrm{d}\beta\right)$$
$$= \int_M \omega \wedge \eta,$$

所以上述映射不依赖上同调类中代表元的选取, 是合理定义的.

定理 3.14 (Poincaré 对偶) 对于紧致可定向流形 M, 双线性映射

$$H_{dR}^k(M) \times H_{dR}^{n-k}(M) \to \mathbb{R}$$

是非退化的, 所以诱导同构

$$H_{dR}^{n-k}(M) \cong H_{dR}^k(M)^*.$$

证明 为证非退化性, 需要证明对任一非零上同调类 $[\omega] \in H_{dR}^k(M)$, 存在 $[\eta] \in H_{dR}^{n-k}(M)$ 使得 $\int_M \omega \wedge \eta \neq 0$. 为此在流形上引入一个 Riemann 度量, 不妨假设 ω 是一个非恒为零的调和形式. 令 $\eta = *\omega$, 那么 η 也是调和形式, 且 $[\eta] \in H_{dR}^{n-k}(M)$. 注意到

$$\int_M \omega \wedge \eta = (\omega, \omega) > 0.$$

定理得证.

紧致无边流形 M 的 Euler 示性数可以表为

$$\chi(M) = \sum_{i=0}^n (-1)^i \dim H_{dR}^i(M; \mathbb{R}),$$

所以作为 Poincaré 对偶的一个直接推论, 奇数维可定向紧致无边流形的 Euler 示性数一定为零.

例题 3.18 (最高次 de Rham 上同调) 根据 Poincaré 对偶, 如果 M 为一连通, 紧致可定向光滑流形, 则 $\dim H_{dR}^n(M) = \dim H_{dR}^0(M) = 1$.

定义积分映射 $I: \mathcal{A}^n(M) \to \mathbb{R}$ 为

$$I(\omega) = \int_M \omega.$$

根据 Stokes 公式, 如果 $\omega = \mathrm{d}\eta$, 则 $I(\omega) = \int_M \mathrm{d}\eta = 0$, 所以 I 诱导了 $H_{dR}^n(M) \to \mathbb{R}$ 的映射, 仍然记为 I. 显见存在一个 $\omega \in \mathcal{A}^n(M)$ 使得 $I(\omega) \neq 0$ (如一个紧支在某局部坐标卡内的和定向相容的形式), 所以 $I: H_{dR}^n(M) \to \mathbb{R}$ 既单又满.

如此在连通紧致可定向光滑流形 M 上, 我们有 $\int_M \omega = 0$ 当且仅当 ω 是恰当的, 或者说 $\int_M \omega_1 = \int_M \omega_2$ 当且仅当 $\omega_1 \sim \omega_2$.

最高次 de Rham 上同调的一个应用是定义映射度.

定理 3.15 (映射度) 设 M, N 为两个 n 维连通紧致可定向光滑流形, $f: M \to N$ 是一个光滑映射, 则有唯一的整数 k 满足

$$\int_M f^*(\omega) = k \int_N \omega, \quad \forall \omega \in \mathcal{A}^n(N). \tag{3.14}$$

特别地, 取 f 的一个正则值 q, 有

$$k = \sum_{x \in f^{-1}(q)} \mathrm{sgn}(x). \tag{3.15}$$

规定如果 $\mathrm{d}f_x$ 是保定向的, 则 $\mathrm{sgn}(x) = 1$; 如果 $\mathrm{d}f_x$ 是反定向的, 则 $\mathrm{sgn}(x) = -1$. (3.14) 式中的 k 被称为 f 的**映射度**, 记为 $\deg(f)$.

证明 事实上, 取 θ 为 N 上一个光滑 n 形式, 且 $\int_N \theta = 1$. 令 $k = \int_M f^*(\theta)$, 则 (3.14) 式必对此 k 成立.

因为对于 $\omega \in \mathcal{A}^n(N)$, 如果 $\int_N \omega = a$, 则有 $\omega \sim a\theta$, 这样 $f^*(\omega) \sim af^*(\theta)$, 所以

$$\int_M f^*(\omega) = \int_M af^*(\theta) = ak = k\int_N \omega.$$

接下来说明 k 可以由 (3.15) 式给出, 所以必是整数. 因为 q 为 f 的正则值, 所以 $f^{-1}(q)$ 是 M 的一个零维子流形, 又由于 M 本身是紧致的, 所以 $f^{-1}(q)$ 由有限多个点构成, 记为 $f^{-1}(q) = \{x_1, \cdots, x_d\}$. 根据反函数定理, 存在 q 的坐标邻域 V, 使得

$$f^{-1}(V) = \bigsqcup_{i=1}^d U_i,$$

其中 $x_i \in U_i$, 且 $f|_{U_i}$ 是到 V 的微分同胚.

取一个紧支在 V 上的 n 形式 θ, 满足 $\int_N \theta = \int_V \theta = 1$. 那么 $f^*(\theta)$ 就是紧支在 $\bigsqcup_{i=1}^d U_i$ 上的 M 上的 n 形式. 因为 $f: U_i \to V$ 是微分同胚, 就有

$$\int_{U_i} f^*(\theta) = \pm \int_V \theta.$$

正负号的选择视 $\mathrm{d}f$ 是否保持定向. 于是

$$k = \int_M f^*(\theta) = \sum_{i=1}^d \int_{U_i} f^*(\theta) = \sum_{x \in f^{-1}(q)} \mathrm{sgn}(x).$$

映射度有如下性质, 证明留作习题.

命题 3.13 设 M, N, P 均为紧致连通 n 维光滑流形, 则有如下性质成立:

(1) 若 $f : M \to N$ 是保定向的微分同胚, 则 $\deg(f) = 1$; 若 $f : M \to N$ 是反定向的微分同胚, 则 $\deg(f) = -1$;

(2) (同伦不变性) 如果 $f, g : M \to N$ 为光滑同伦的两个光滑映射, 则 $\deg(f) = \deg(g)$.

(3) 设 $f : M \to N, g : N \to P$ 为两光滑映射, 则 $\deg(g \circ f) = \deg(g) \cdot \deg(f)$.

注 实际上我们可以对同维数流形之间的连续映射定义映射度. 映射度在流形的拓扑中有许多有趣的应用, 我们仅举两例, 更多的应用请参阅 [9].

定理 3.16 (光滑的 Brouwer 不动点定理) 设 $F : \bar{B}^n \to \bar{B}^n$ 为一光滑映射, 则 F 必有不动点.

证明 反证法. 如果 F 没有不动点, 那么可以定义一个光滑映射 $G : \bar{B}^n \to S^{n-1}$ 为

$$G(x) = \frac{x - F(x)}{|x - F(x)|}.$$

将 G 在边界上限制记为 g. 根据本章习题 41 知 $\deg(g) = 0$. 另一方面,

$$H(x, t) = \frac{x - tF(x)}{|x - tF(x)|}.$$

对 $t \in [0, 1]$ 都是有定义的, 于是建立了一个 g 到恒同映射 id 的同伦, 而 $\deg(\text{id}) = 1$, 矛盾.

定理 3.17 (Poincaré) $\mathbb{S}^n$ 上存在处处非零光滑向量场当且仅当 n 为奇数.

证明 设 X 为球面 $\mathbb{S}^n$ 上一个处处非零的光滑向量场, 令

$$H(p, t) = \cos(t)p + \sin(t)X(p), \quad t \in [0, \pi].$$

这样 H 实际上建立一个从恒同映射 $\text{id} : \mathbb{S}^n \to \mathbb{S}^n$ 到对径映射 $-\text{id}$ 的光滑同伦, 于是

$$\deg(\text{id}) = \deg(-\text{id}) = (-1)^{n+1}$$

(球面对径映射的映射度计算见本章习题 15), 所以 n 必为奇数. 在奇数维球面上构造处处非零光滑向量场的问题就留给读者了.

第三章练习

1. 设 $SL(n)$ 为行列式为 1 的 $n \times n$ 方阵全体, 证明: $SL(n)$ 为一光滑流形.

2. (Grassmann 流形) 证明: $\mathbb{R}^n$ 中的 k 维线性子空间的全体构成一个光滑流形, 并计算它的维数.

3. (复射影空间) $\mathbb{CP}^n$ 可以看作是 C^{n+1} 中复一维子空间的全体, 其上拓扑为自然投影映射 $\pi: C^{n+1} \setminus \{0\} \to \mathbb{CP}^n$ 诱导的商拓扑, 证明: $\mathbb{CP}^n$ 是一个 $2n$ 维光滑流形.

4. 证明: $\mathbb{CP}^1$ 微分同胚于 $\mathbb{S}^2$.

5. 设 $f: M \to N$ 是两个光滑流形间的光滑映射, 证明: $\Gamma_f = \{(p, f(p)) : p \in M\}$ 是 $M \times N$ 中的一个光滑子流形.

6. 完成例题 3.4 的证明, 亦即说明 $O(n)$ 是一个光滑流形.

7. 行列式为 1 的 n 阶正交矩阵全体记为 $SO(n)$, 证明: $SO(3)$ 微分同胚于 $\mathbb{RP}^3$.

8. 如果 $n \neq m$, 证明: $\mathbb{R}^n$ 和 $\mathbb{R}^m$ 不微分同胚.

9. 设 $g: \mathbb{R}^n \to \mathbb{R}$ 为一光滑函数, 假定 ∇g 在 $g^{-1}(c)$ 的每一点均非零, 证明: $\{g \geqslant c\}$ 是一个 n 维带边流形.

10. (带边流形的边界) 设 M 为一 n 维带边流形, 证明: ∂M 是一个 $n-1$ 维无边流形.

11. (切丛) 设 M 为一光滑无边流形, 切空间的无交并

$$TM = \bigsqcup_{p \in M} T_p M$$

称为 M 的**切丛**. 证明: 其上可以引入自然的光滑结构使 TM 成为一个 $2n$ 维光滑流形, 并且自然的投影 $\pi: TM \ni (p, v) \to p \in M$ 是光滑映射.

12. (可平行化) 如果 TM 微分同胚于 $M \times \mathbb{R}^n$, 就称 M 是可平行化的.

(1) 证明: n 维流形 M 可平行化当且仅当其上存在 n 个处处线性无关的向量场.

(2) 证明: $\mathbb{S}^1$ 和 $\mathbb{S}^3$ 是可平行化的.

13. (Milnor) 设 M 为一 n 维闭流形, $f: M^n \to \mathbb{R}^{n+1}$ 为一光滑浸入, 则其上的单位法向量场给出了 Gauss 映射 $G_f: f(M) \to \mathbb{S}^n$. 证明: 如果 G_f 不是满射, 那么 M 是可平行化的.

14. (Klein 瓶) 设

$$a(x, y) = (x, y+1), \quad b(x, y) = (x+1, 1-y)$$

为 $\mathbb{R}^2$ 上的两个微分同胚. 令 G 为由 a, b 生成的群, 该群自然地作用在 $\mathbb{R}^2$ 上. 证明: 该作用是自由且纯不连续的, 并说明 $\mathbb{R}^2/G$ 是 Klein 瓶.

15. (定向) 记 $\varphi: \mathbb{S}^n \to \mathbb{S}^n$ 为对径映射:

$$\varphi(x_1, \cdots, x_{n+1}) = (-x_1, \cdots, -x_{n+1}).$$

(1) 证明: 当 n 是奇数时, φ 是保定向的; 当 n 是偶数时, φ 是反定向的.

(2) 证明: $\deg(\varphi) = (-1)^{n+1}$.

(3) 证明: 射影空间 $\mathbb{RP}^n$, 当 n 是奇数时是可定向的; 当 n 是偶数时是不可定向的.

16. (定向二重覆盖) 设 M 为一连通不可定向流形,
$$\tilde{M} := \{(p,\sigma)|p \in M, \sigma \text{ 是 } T_pM \text{ 上的一个定向}\}.$$
证明: $\tilde{M}$ 是一个连通的可定向流形, 并且自然的投射: $\pi: \tilde{M} \to M$ 是一个二重覆盖.

17. 设 M 为一 n 维紧致光滑流形, 证明: 不存在浸入 $f: M \to \mathbb{R}^n$.

18. 定义映射 $F: \mathbb{S}^2 \to \mathbb{R}^4$ 为 $F(x,y,z) = (x^2 - y^2, xy, xz, yz)$, 证明: F 可以诱导出 $\mathbb{RP}^2$ 到 $\mathbb{R}^4$ 的一个光滑嵌入.

19. 给定一个无理数 α, 定义映射 $\beta: \mathbb{R} \to \mathbb{T}^2$ 为
$$\mathbb{R} \ni t \mapsto (e^{2\pi i t}, e^{2\pi i \alpha t}) \in \mathbb{T}^2.$$
证明: 它是一个光滑的浸入, 它的像在环面中是稠密的, 并由此说明 β 不是一个嵌入.

20. (切向量的几何表述)

(1) 设 $\alpha: (-\varepsilon, \varepsilon) \to M$ 为一光滑映射, $\alpha(0) = p$, 定义映射 $C^\infty(M) \ni f \to \left.\dfrac{\mathrm{d}f \circ \alpha(t)}{\mathrm{d}t}\right|_{t=0}$, 证明: 该映射定义了 p 点处的一个切向量.

(2) 设 M 为一光滑流形, 证明: $\forall v \in T_pM$, 存在光滑映射 $\alpha: (-\varepsilon, \varepsilon) \to M$, 使得 $\alpha(0) = p, \alpha'(0) = v$.

21. (两个坐标卡基向量之间的转移矩阵) 设 $(U, \varphi, x_1, \cdots, x_n), (V, \psi, y_1, \cdots, y_n)$ 为 p 点处的两个局部坐标卡, $\left\{\left.\dfrac{\partial}{\partial x_i}\right|_p\right\}_{i=1}^n$ 和 $\left\{\left.\dfrac{\partial}{\partial y_j}\right|_p\right\}_{j=1}^n$ 都构成 T_pM 的一组基. 证明: 它们之间满足
$$\left.\frac{\partial}{\partial x_j}\right|_p = \sum_{i=1}^n \frac{\partial y_i}{\partial x_j} \left.\frac{\partial}{\partial y_i}\right|_p.$$

22. 设 X 为光滑流形 M 上的一个光滑向量场, 在局部坐标卡 $(U, x_1, \cdots, x_n)$ 内, 设 $X(p) = \sum_{i=1}^n a_i(p) \dfrac{\partial}{\partial x_i}$, 如果 $(V, y_1, \cdots, y_n)$ 为另一个包含 p 的局部坐标卡, 设 $X(p) = \sum_{i=1}^n b_i(p) \dfrac{\partial}{\partial y_i}$, 给出 $a_i(p), b_i(p)$ 之间的关系.

23. 证明例题 3.9.

24. (球面上的向量场) 设 $X: \mathbb{S}^{n-1} \to \mathbb{R}^n$ 为 $X(x) = Ax$, 其中 A 为一 $n \times n$ 矩阵. 证明: X 给出 $\mathbb{S}^{n-1}$ 上光滑向量场当且仅当 A 是反对称的.

25. (李括号) $\mathbb{R}^3$ 中的三个向量场如下:
$$X = y\frac{\partial}{\partial x} - x\frac{\partial}{\partial y}, \quad Y = z\frac{\partial}{\partial y} - y\frac{\partial}{\partial z}, \quad Z = \frac{\partial}{\partial x} + \frac{\partial}{\partial y} + \frac{\partial}{\partial z},$$
计算 $[X, Y]$ 和 $[[X, Z], Y]$.

26. (单参数变换群) 证明: $\mathbb{R}^2$ 上的向量场 $X = y\dfrac{\partial}{\partial x} - x\dfrac{\partial}{\partial y}$ 是完备的, 由它生成的单参数变换群是什么?

27. (外微分运算) 证明: 外微分运算是合理定义的.

28. 设 $f: M \to N$ 为一光滑映射, $\omega \in \mathcal{A}^1(N)$, 证明: $\mathrm{d}(f^*(\omega)) = f^*(\mathrm{d}\omega)$.

29. (辛形式) 一个二次交替型 $\omega: V \times V \to \mathbb{R}$ 是非退化的如果对任意非零 $X \in V$, 存在 $Y \in V$ 使得 $\omega(X, Y) \ne 0$.

(1) $\mathbb{R}^{2n}$ 的坐标记为 $(x_1, \cdots, x_n, y_1, \cdots, y_n)$, 证明: $\omega = \sum\limits_{i=1}^{n} \mathrm{d}x_i \wedge \mathrm{d}y_i$ 是 $\mathbb{R}^{2n}$ 上的一个非退化二次交替型.

(2) 如果一个光滑流形 M 上存在一个处处非退化的闭的 2 形式 $\omega \in \mathcal{A}^2(M)$, 那么称 M 为**辛流形**. 证明: $\mathbb{S}^2$ 是一个辛流形.

30. (切触形式) 对于一个处处非零的 1 形式 θ, 如果 $\mathrm{d}\theta$ 在 $\ker\theta$ 的限制是非退化的, 则称其为切触形式.

(1) $\mathbb{R}^{2n+1}$ 的坐标记为 $(x_1, \cdots, x_n, y_1, \cdots, y_n, z)$, 证明:

$$\theta = \mathrm{d}z - \sum_{i=1}^{n} y_i \mathrm{d}x_i$$

是 $\mathbb{R}^{2n+1}$ 上的切触形式.

(2) 如果奇数维流形 M 存在一个 1 形式 $\theta \in \mathcal{A}^1(M)$ 在每点 T_pM 上是切触的, 则称 M 为一切触流形, θ 为其上的一个切触形式. 证明: θ 是切触形式的当且仅当 $\theta \wedge \underbrace{\mathrm{d}\theta \wedge \cdots \wedge \mathrm{d}\theta}_{n}$ 是一个处处非零的 $2n+1$ 形式.

(3) 证明: $\mathbb{S}^3$ 是一个切触流形.

31. 设 M, N 是两个可定向 n 维光滑流形, $f: M \to N$ 是一个保持定向的微分同胚. 对于任意一个 N 上具有紧支集的 n 形式 ω, 证明: $\int_M f^*\omega = \int_N \omega$.

32. (边缘算子) 证明: 奇异同调中的边缘算子 ((3.12) 式) 满足 $\partial \circ \partial = 0$.

33. 设 M 为一紧致可定向流形, 如果存在一个处处非零的闭的 1 形式 ω, 证明: $H^1_{dR}(M) \ne 0$.

34. $\mathbb{T}^n = \mathbb{R}^n/\mathbb{Z}^n = \mathbb{S}^1 \times \cdots \times \mathbb{S}^1$ 为 n 维环面, 证明: 常系数 k 形式

$$\mathrm{d}x_{i_1} \wedge \cdots \wedge \mathrm{d}x_{i_k} \in \mathcal{A}^k(\mathbb{R}^n)$$

是 $\mathbb{T}^n$ 上一个闭的 k 形式的拉回, 由此说明 $\dim(H^k_{dR}(\mathbb{T}^n)) \geqslant \dbinom{n}{k}$.

35. 设 U 和 V 是两个交集非空的开集, 且 $U \cup V = M$. 设 $\omega \in \mathcal{A}^k(U \cap V)$, 证明: 存在 $\omega_1 \in \mathcal{A}^k(U)$ 以及 $\omega_2 \in \mathcal{A}^k(V)$, 使得在 $U \cap V$ 上, $\omega = \omega_1 - \omega_2$.

36. 不通过 de Rham 上同调证明：一个 n 形式 $\omega \in \mathcal{A}^n(\mathbb{S}^n)$ 是恰当的当且仅当 $\int_{\mathbb{S}^n} \omega = 0$.

37. 对于 $\mathbb{R}^3$ 中的 2 形式 $\omega = x\mathrm{d}y \wedge \mathrm{d}z - y\mathrm{d}x \wedge \mathrm{d}z + y\mathrm{d}x \wedge \mathrm{d}y$, 计算 $\int_{\mathbb{S}^2} i^*(\omega)$, 其中 $i: \mathbb{S}^2 \to \mathbb{R}^3$ 为单位球面到三维欧氏空间的自然含入映射.

38. 证明：一个 n 维流形 M 是可定向的当且仅当其上存在一个处处非零的 n 形式 ω.

39. 试利用 Mayer-Vietoris 序列计算 $H^1(\mathbb{T}^2)$.

40. 证明命题 3.13.

41. 设 X 为一紧致可定向 $n+1$ 维带边流形, ∂X 连通, N 为一紧致连通可定向 n 维流形. 证明：如果光滑映射 $f: \partial X \to N$ 有一个光滑延拓 $F: X \to N$, 则 $\deg(f) = 0$.

42. (1) 证明：存在一个光滑映射 $\varphi: \mathbb{S}^m \times \mathbb{S}^n \to \mathbb{S}^{m+n}$, 使得 $\deg(\varphi) = 1$.

(2) 证明：任何光滑映射 $\psi: \mathbb{S}^{m+n} \to \mathbb{S}^m \times \mathbb{S}^n$, 都有 $\deg(\psi) = 0$.

附录A

分析、代数工具

本附录帮读者回顾数学分析和线性代数的一些知识点，并以此为工具得到曲面上特定参数化的存在性.

A.1 二次型

定义 A.1(二次型) 设 V 是 $\mathbb{R}$ 上有限维线性空间，$q: V \to \mathbb{R}$ 如果满足:
(1) (二次齐次) $q(\lambda v) = \lambda^2 q(v)$；
(2) (双线性) $f(u,v) := q(u+v) - q(u) - q(v)$ 关于每个变量是线性的，
则称 q 为 V 上的一个**二次型**.

如果选定 V 的一组基 $\{e_1, \cdots, e_n\}$，记 $v = x_1 e_1 + \cdots x_n e_n$，则 $q(v)$ 就是关于 $x_1, \cdots, x_n$ 的一个 n 元二次齐次多项式.

定义 A.2(对称双线性型) 设 V 是一个 $\mathbb{R}$ 上的有限维线性空间，如果 $Q: V \times V \to \mathbb{R}$ 满足:
(1) (对称) $Q(v,w) = Q(w,v)$；
(2) (双线性) $Q(\lambda_1 v_1 + \lambda_2 v_2, w) = \lambda_1 Q(v_1, w) + \lambda_2 Q(v_2, w), \forall \lambda_i \in \mathbb{R}$，
则称 Q 为 V 上的一个**对称双线性型**.

如果 $Q(v,v) \geqslant 0, \forall v \in V$，则称该对称双线性型是正定的. 正定的 Q 如果还满足 $Q(v,v) = 0$ 当且仅当 $v = 0$，则称其为严格正定的，一个严格正定的对称双线性型就是 V 上的一个内积.

定义 A.3 设 Q 是 V 上的一个对称双线性型，令 $q(v) = Q(v,v)$，则 q 是 V 上的一个二次型，称为和 Q 相伴的二次型.

反之，如果 q 是 V 上的一个二次型，则

$$Q(u,v) = \frac{1}{2}(q(u+v) - q(u) - q(v))$$

是一个对称双线性型，称为由 q 决定的对称双线性型.

定义 A.4 设 $(V, \langle \cdot \rangle)$ 是一个有限维内积空间，线性变换 $A: V \to V$ 如果满足

$$\langle A(u), v \rangle = \langle u, A(v) \rangle, \quad \forall u, v \in V,$$

则称其为**自伴线性变换**.

定义 A.5 设 A 是 V 上的自伴线性变换，则

$$Q(u,v) := \langle A(u), v \rangle$$

是一个对称双线性型，称为和 A 相伴的对称双线性型.

A.2 反函数定理

定理 A.1 (反函数定理)　设 U 和 V 为 $\mathbb{R}^n$ 中的两个开集, $F: U \to V$ 为一光滑映射. 如果 $\mathrm{D}F(a)$ 是可逆的, 则存在 a 的开邻域 $U_0 \subset U$, 以及 $F(a)$ 的开邻域 $V_0 \subset V$, 使得 $F: U_0 \to V_0$ 是一个微分同胚.

定理 A.2 (隐函数定理)　设 $U \subset \mathbb{R}^n \times \mathbb{R}^k$ 是一个开集, 其上的点用 $(x, y) = (x_1, \cdots, x_n, y_1, \cdots, y_k)$ 来表示. 设 $F: U \to \mathbb{R}^k$ 为一光滑映射. 若 $F(a, b) = c$, 且

$$\left(\frac{\partial F^i}{\partial y_j}(a,b)\right)_{k \times k}, \quad i, j = 1, \cdots, k$$

是非退化的, 则存在 a 的邻域 V_0, 以及 b 的邻域 W_0, 以及光滑映射 $G: V_0 \to W_0$, 使得 $F^{-1}(c) \cap V_0 \times W_0$ 即为 G 的图像, 亦即 $F(x, y) = c, (x, y) \in V_0 \times W_0$ 当且仅当 $G(x) = y$.

A.3 单位分解

定义 A.6 (支撑集)　定义在拓扑空间 X 上的连续函数 $f: X \to \mathbb{R}$, 其**支撑集** (记为 $\operatorname{supp} f$) 为

$$\operatorname{supp} f = \overline{\{x \in X; f(x) \neq 0\}}.$$

定义 A.7 (局部有限)　对于流形 M 的一个开覆盖 $\{U_i\}$, 如果流形上每个点都存在一个邻域只和有限多个 U_i 相交, 则称这个覆盖是**局部有限**的.

定义 A.8 (截断函数 (bump function))　$\mathbb{R}^n$ 存在具有紧支集非负的光滑径向对称函数, 满足

$$b(x) = \begin{cases} 1, & x \in \overline{B}(1), \\ 0, & x \notin B(2). \end{cases}$$

称其为**截断函数**, 形如下图. 构造的要点在于利用 $f(x) = \mathrm{e}^{-\frac{1}{x}}$.

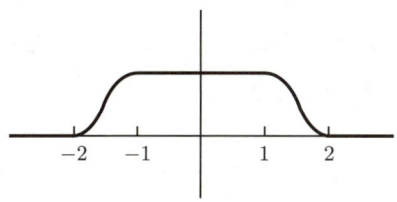

定义 A.9(单位分解) 设 M 为一光滑流形,如果一族至多可数多个函数 $\{f_i\}_{i=1}^{\infty}$ 满足:

(1) $\forall i, f_i(p) \geqslant 0$,并且 $\{\mathrm{supp}(f_i)\}$ 是局部有限的;

(2) $\sum_i f_i(p) = 1, \forall p \in M$,

则称其为**一单位分解**. 更进一步,如果 $\{\mathrm{supp}\, f_i\}$ 是开覆盖 $\{U_\alpha\}$ 的一个加细,则称该单位分解从属于该开覆盖.

定理 A.3(单位分解) 设 M 为一个 n 维光滑流形,对任意开覆盖 $\{U_\alpha\}$ 存在从属于其的单位分解 $\{f_i\}_{i=1}^{\infty}$.

引理 A.1 设 M 为一拓扑流形,那么对任意开覆盖存在一个至多可数,且局部有限的子覆盖 $\{V_i; i=1,2,\cdots\}$ 使得 $\bar{V}_i$ 都是紧致的. 更为特殊地,我们还可以要求 (V_i, ψ_i) 是一个局部坐标卡,$\psi_i(V_i) = B(3)$,并且 $\{\psi_i^{-1}(B(1))\}$ 已构成 M 的一个开覆盖.

利用上述引理,我们来证明单位分解定理.

证明 利用引理,我们可以得到一个局部有限的加细 $\{V_i\}$,使得 $\psi_i(V_i) = B(3)$. 设 b 为一个标准的截断函数,令

$$\tilde{b}_i(q) = \begin{cases} b \circ \psi_i(q), & q \in V_i, \\ 0, & q \notin V_i. \end{cases}$$

这样 $\tilde{b}_i$ 就成为流形 M 上的光滑函数,并且 $\mathrm{supp}\, \tilde{b}_i \subset V_i$. 令

$$f = \sum_i \tilde{b}_i.$$

根据 V_i 的局部有限性知 f 是合理定义的光滑函数. 由于 $\psi^{-1}(B(1))$ 已经构成 M 的一个开覆盖,所以 f 处处非零. 最后令

$$f_i = \frac{\tilde{b}_i}{f},$$

即为我们所要求的单位分解.

利用单位分解,很容易给出流形上的**穷竭函数** (exhausion function). 拓扑空间 X 上的函数 f,如果次水平集 $X_c := \{x \in X | f(x) \leqslant C\}$ 都是紧集,则称 f 为 X 上的一个穷竭函数. 一个直观的看法就是集合 X_c 随着 c 的增大而增大,对拓扑空间 X 做了一次穷尽.

命题 A.1 设 M 为一光滑流形,则其上存在正的穷竭函数.

证明 设 $\{U_i\}_{i=1}^{\infty}$ 是 M 的一个局部有限的可数开覆盖,并且 $\bar{U}_i$ 是紧致的. 取一从属于该开覆盖的单位分解 $\{\varphi_i\}_{i=1}^{\infty}$,令

$$f(p) = \sum_{i=1}^{\infty} i\varphi_i(p).$$

这样 $f(p)$ 是处处有定义的 M 上的正的光滑函数.

对于给定的正整数 N, 如果 $p \notin \bigcup_{j=1}^{N} \bar{U}_j$, 那么就有 $\varphi_j(p) = 0, 1 \leqslant j \leqslant N$, 因此

$$f(p) = \sum_{i=N+1}^{\infty} i\varphi_i(p) > \sum_{i=N+1}^{\infty} N\varphi_i(p) = N \sum_{i=1}^{\infty} \varphi_i(p) = N.$$

也就是说如果 $f(p) \leqslant N$, 就有 $p \in \bigcup_{i=1}^{N} \bar{U}_i$. 所以如果 $c \leqslant N, M_c$ 就是紧集 $\bigcup_{i=1}^{N} \bar{U}_i$ 的一个闭子集, 自然是紧致的.

A.4 曲面特殊参数化的存在性

定义 A.10 如果局部参数化 $\mathbb{X} : \Omega \to \mathbb{R}^3$ 相应的第一基本形式满足 $F \equiv 0$, 则称其为正交参数化.

命题 A.2 设 S 为正则光滑曲面, 则对任意 $p \in S$, 其局部存在正交参数化.

我们可以使用测地极坐标做局部参数化, 就有 $F \equiv 0$.

定义 A.11 如果局部参数化 $\mathbb{X} : \Omega \to \mathbb{R}^3$ 相应的第一基本形式满足 $E \equiv G, F \equiv 0$, 则称其为等温参数化.

定理 A.4 设 S 为正则光滑曲面, 则对任意 $p \in S$, 其局部存在等温参数化.

这是一个十分深刻的定理, 它表示所有 Riemann 曲面之间都是局部共形的. 换句话说, 所有 Riemann 曲面都是一个复流形, 其每点等温参数化可以看成是它上的全纯坐标卡. 这里给出的证明基于调和坐标的想法 (读者可参阅文献 [5]).

证明 对于曲面上任一点 $p \in S$, 存在局部坐标卡 $(U, x, y) \ni p$, 及其上的调和函数 u, 满足 $\mathrm{d}u(p) \neq 0$. 作为调和函数, $*\mathrm{d}*\mathrm{d}u = 0$, 其中 $*$ 是 Hodge 星算子. 因为 $*$ 是线性映射, 所以 $\mathrm{d}(*\mathrm{d}u) = 0$, 也就是说 $*\mathrm{d}u$ 是一个闭的 1 形式. 适当缩小 U 使得其为星状区域, 根据 Poincaré 引理, 存在函数 v 使得 $\mathrm{d}v = *\mathrm{d}u$. 因为 $*\mathrm{d}*\mathrm{d}v = *\mathrm{d}**\mathrm{d}u = -*\mathrm{d}^2u = 0$, 所以 v 也是调和函数. 易知 $\mathrm{d}v(p) \neq 0$. 这样映射

$$U \ni (x, y) \mapsto (u(x, y), v(x, y)) \in \mathbb{R}^2$$

在 p 点是非退化的. 根据反函数定理, 存在 $(u(p), v(p))$ 的邻域 Ω, 使得 $\mathbb{X}(u, v) = (x, y)$ 是一个局部参数化. 由于 $*\mathrm{d}u = \mathrm{d}v$, 根据命题 3.10 中的性质, 很容易证明 $\mathrm{d}u, \mathrm{d}v$ 正交且长度相等, 等价地说, 就是 $\mathbb{X}(u, v)$ 是一个等温参数化.

有时候我们需要使用一些局部参数化,使得相应的坐标曲线正好是曲率线或渐近线. 首先我们引用欧氏平面中关于向量场的一个有用结论.

命题 A.3 设 W 是定义在开集 $U \subset \mathbb{R}^2$ 上的光滑向量场. 如果 $W(p) \neq 0$, 则存在 p 点邻域 $V \subset U$, 以及光滑函数 $f: V \to \mathbb{R}$, 使得 f 沿着 W 的积分曲线是常数, 且 $(\mathrm{d}f)_q \neq 0, \forall q \in V$. 这样的 f 称为 W 的首次积分.

定理 A.5 设 W_1, W_2 为定义在开集 $U \subset S$ 上的两个光滑向量场, 如果 $W_1(p)$, $W_2(p)$ 线性无关, 则存在 p 的邻域 $V \subset U$, 以及局部参数化 $\mathbb{X}: \Omega \to V$, 使得 $\mathbb{X}$ 的坐标曲线和 W_1, W_2 的积分曲线重合.

注 该定理中这里并没有要求坐标曲线就是积分曲线, 因为那还要求 $\mathbb{X}_u = W_1, \mathbb{X}_v = W_2$.

证明 根据命题 A.3, 存在 p 的邻域 $U' \subset U$, 使得 f_1, f_2 分别为 W_1, W_2 的首次积分. 这样可以定义映射 $\varphi: U' \to \mathbb{R}^2$ 如下:
$$U' \ni q \mapsto (f_1(q), f_2(q)) \in \mathbb{R}^2.$$
在 p 点, 有
$$(\mathrm{d}\varphi)_p(W_1) = ((\mathrm{d}f_1)_p(W_1), \quad (\mathrm{d}f_2)_p(W_2)) = (0, a), \quad a = (\mathrm{d}f_2)_p(W_2) \neq 0.$$
同理
$$(\mathrm{d}\varphi)_p(W_2) = ((\mathrm{d}f_1)_p(W_2), \quad (\mathrm{d}f_2)_p(W_1)) = (b, 0), \quad b = (\mathrm{d}f_1)_p(W_2) \neq 0.$$
所以 φ 在 p 点是一个局部微分同胚, 根据反函数定理, 存在 $\varphi(p)$ 的邻域 $\Omega \subset \mathbb{R}^2$, 使得 $\mathbb{X} = \varphi^{-1}: \Omega \to U'$ 就是一个局部参数化, 且其坐标曲线恰为 $f_1 = $ 常数, $f_2 = $ 常数, 也就是和 W_1, W_2 的积分曲线重合.

注意到在一个局部参数化下, 曲线 $\alpha(t) = \mathbb{X}(u(t), v(t))$ 是一条曲率线, 当且仅当 (见第一章习题 46)
$$(fE - eF)(u')^2 + (gE - eG)u'v' + (gF - fG)(v')^2 = 0.$$

上述方程在非脐点, 没有重根, 所以取到两个光滑的主方向场, 于是我们就有如下推论.

推论 A.1 如果 $p \in S$ 是一个非脐点, 则 p 的一个邻域 U 上存在局部参数化 $\mathbb{X}: \Omega \to U$ 使得其坐标曲线就是曲率线, 也就是 $\mathbb{X}_u, \mathbb{X}_v$ 对应曲面的两个主方向.

类似地, 有

推论 A.2 如果 $p \in S$ 是一个双曲点, 则 p 的一个邻域 U 上存在一个局部参数化 $\mathbb{X}: \Omega \to U$ 使得其坐标曲线是渐近线.

附录B

拓扑事实

本附录中列举了本书中用到的一些拓扑事实. 像 Jordan 曲线定理, 闭曲面拓扑分类这些工作都有一个鲜明的特点: 结论直观但证明繁琐. 给初学者的建议是 "对数学严格性做一些妥协", 不妨先直观接受这些结论, 如实在感兴趣, 再理性探究[①].

B.1 旋转指标定理

设 $\alpha(s), s \in [0, L]$ 是平面上以弧长为参数的封闭光滑曲线. 易知存在一个可微函数 $\theta : [0, L] \to \mathbb{R}$, 使得曲线的切向量可以表为

$$\alpha'(s) = (\cos\theta(s), \sin\theta(s)).$$

$\theta(s)$ 表示 x 正半轴和 $\alpha'(s)$ 的夹角. 由于 α 为封闭曲线, 所以 $\theta(l) - \theta(0)$ 必是 2π 的整数倍, 这个整数称为曲线 α 的**旋转指标**. 此外由于 $\alpha'(0) = \alpha'(L)$, 可以视

$$[0, L] \ni s \to \alpha'(s) \in \mathbb{S}^1$$

为 S^1 上的一条闭曲线. 它代表的基本群元素 (同构于整数加法群 $\mathbb{Z}$) 其实就等于 α 的旋转指标.

定理 B.1 (The Hopf Umlaufsatz) 平面简单闭曲线的旋转指标为 ± 1.

证明 设 $\alpha : [0, L] \to \mathbb{R}^2$ 为平面上以弧长为参数的简单闭曲线. 考虑三角形

$$\Delta = \{(s_1, s_2) | 0 \leqslant s_1 \leqslant s_2 \leqslant L\}.$$

定义 $\Phi : \Delta \to \mathbb{S}^1$ 为

$$\Phi(s_1, s_2) = \frac{\alpha(s_2) - \alpha(s_1)}{|\alpha(s_2) - \alpha(s_1)|}, \quad s_1 < s_2 \text{ 且}(s_1, s_2) \neq (0, L),$$

$$\Phi(s, s) = \alpha'(s),$$

$$\Phi(0, L) = -\alpha'(0).$$

注意到 Φ 是一个连续映射, 它建立了映射 $[0, L] \ni s \mapsto \Phi(s, s) = \alpha'(s) \in \mathbb{S}^1$ 和 Φ 在三角形 Δ 两条直角边上限制的同伦. 根据定理前的说明, 为了计算 α 的旋转指标, 我们可以转而计算将 Φ 在三角形 Δ 两条直角边上限制对应的 S^1 中闭路在基本群中对应的元素. 将 Φ 在直角边 $s_1 = 0, 0 \leqslant s_2 \leqslant L$ 的限制记为 $\gamma_1 : [0, L] \to S^1$, 在直角边

[①] 这里提供一个网站, 里面包含了很多相关的经典文献. https://www.maths.ed.ac.uk/v1ranick/jordan/index.htm (2025.5)

$0 \leqslant s_1 \leqslant L, s_2 = L$ 的限制记为 $\gamma_2 : [L, 2L] \to S^1$. 因为旋转指标显然关于旋转, 平移是不变的. 可以假设 α 整体落在上半平面, $\alpha(0) = (0,0)$ 且 $\alpha'(0) = (1,0)$.

这样映射
$$\gamma_1(s) = \Phi(0, s) = \frac{\alpha(s) - \alpha(0)}{|\alpha(s) - \alpha(0)|}, s \in [0, L]$$
的像集都在上半圆周内, 而
$$\gamma_2(s) = \Phi(s, L) = \frac{\alpha(L) - \alpha(s - L)}{|\alpha(L) - \alpha(s - L)|}, s \in [L, 2L]$$
的像集都在下半圆周内. 并且 $\gamma_1(0) = \alpha'(0), \gamma_1(L) = \gamma_2(L) = -\alpha'(0), \gamma_2(2L) = \alpha'(0)$. 这样闭道路 $\gamma_1 \sqcup_{s=L} \gamma_2$ 在 $\pi_1(\mathbb{S}^1)$ 就是 $1 \in \mathbb{Z}$.

B.2 Jordan 曲线定理

定义 B.1 一个单位圆周到 $\mathbb{R}^2$ 的连续单射被称为一个 **Jordan** 曲线, 也就是我们熟知的平面上的简单闭曲线. 有时候也不加区分地将映射的像集叫作 Jordan 曲线.

定理 B.2 若 C 为 $\mathbb{R}^2$ 上的一条 Jordan 曲线, 则 $\mathbb{R}^2 \setminus C$ 恰有两个连通分支, 其中有界的称为 C 的内部, 无界的称为 C 的外部, 而 C 恰为它们的边界.

定理 B.3 若 $\gamma : \mathbb{S}^1 \to \mathbb{S}^2$ 为一嵌入, 则 $\mathbb{S}^2 \setminus \gamma(\mathbb{S}^1)$ 恰有两个连通分支, W_1 和 W_2, 且每个分支都以 $\gamma(\mathbb{S}^1)$ 为边界.

B.3 闭曲面拓扑分类

本节简要介绍闭曲面分类定理, 尽管这个定理的第一个严谨证明可能要等到 20 世纪 20 年代, 但是早从 1861 年起, Mobius, Jordan, von Dyck, Dehn-Heegaard 等数学家已经给出了该定理的雏形. 感兴趣的读者可以参考 Conway 给出的 "拉链" 证明[5].

为了陈述定理, 我们先介绍连通和的概念. 对于给定的两个抽象曲面 S_1, S_2, 在其上分别取两个开圆盘 D_1, D_2, 再取一个同胚 $h : \partial D_1 \mapsto \partial D_2$, 我们将 $S_1 \setminus D_1$ 沿着 h 贴到 $S_2 \setminus D_2$ 上, 由此得到的曲面称为 S_1 和 S_2 的连通和, 记为 $S_1 \# S_2$, 即
$$S_1 \# S_2 = (S_1 \setminus D_1) \cup_h (S_2 \setminus D_2).$$

定理 B.4 一紧致无边抽象曲面 S 必与下列之一同胚:

(1) 球面;

(2) g 个环面的连通和 $(g \geqslant 1)$;

(3) k 个射影平面的连通和 $(k \geqslant 1)$.

注 这个列表中的前两者是可定向的. 最后一行是不可定向的.

关于曲面, 我们还承认下述定理[14]:

定理 B.5 (Rado) 任何二维流形都存在三角剖分.

B.4 基本群

我们简要介绍拓扑空间基本群的定义. 设 (X, x_0) 为一固定基点的拓扑空间. 如果连续映射 $f: [0,1] \to X$ 满足 $f(0) = f(1) = x_0$, 则称其为一条以 x_0 为基点的道路.

设 f, g 为两条以 x_0 为基点的道路, 如果存在一个连续映射 $H: [0,1] \times [0,1] \to X$ 满足 $H(0, t) = f(t), H(1, t) = g(t)$, 则称 f, g 为同伦的. 容易验证这是所有以 x_0 为基点的道路全体上的一个等价类.

将所有以 x_0 为基点的道路等价类全体记为 $\pi_1(X, x_0)$, 其中的元素可以记为 $[f]$.

对于两条道路 f, g, 我们定义乘积道路

$$f \cdot g(t) := \begin{cases} g(2t), & 0 \leqslant t \leqslant \frac{1}{2}, \\ f(2t-1), & \frac{1}{2} \leqslant t \leqslant 1. \end{cases}$$

该条道路不过是以两倍的速度沿着 g 和 f 的轨迹走一遍.

命题 B.1 对于 $[f], [g] \in \pi_1(X, x_0)$, 定义乘法为

$$[f] \cdot [g] = [f \cdot g].$$

这个定义是合理, 也就是和等价类中的代表元的选择无关.

定理 B.6 $\pi_1(X, x_0)$ 在上述乘法运算下构成一个群, 称为是 X 在 x_0 处的基本群. 如果 X 是连通的, 那么不同基点的基本群同构, 所以我们可以不加差别地记为 $\pi_1(X)$.

定义 B.2 如果 X 的基本群为平凡群, 称 X 为**单连通**.

很显然基本群里的单位元就是在 x_0 处的常值映射. 所以基本群平凡就意味着所有以 x_0 为基点的道路都同伦于该常值映射, 动态来说, 就是所有以 x_0 为基点的道路都可以连续收缩到 x_0.

例题 B.1($\mathbb{S}^1$ 的基本群)

(1) 我们取 $x_0 = (1,0)$ 为基点，任一以 x_0 为基点的道路 f，一定存在唯一的 "提升"：$\tilde{f}: [0,1] \to \mathbb{R}$ 使得 $f(t) = e^{2\pi i \tilde{f}(t)}$，且 $\tilde{f}(0) = 0$.

(2) 两条 x_0 为基点的道路 f, g 同伦当且仅当它们的 "提升" 满足 $\tilde{f}(1) = \tilde{g}(1)$.

(3) 由此说明 $\pi_1(\mathbb{S}^1)$ 同构于整数加法群 $\mathbb{Z}$.

B.5 覆盖映射

定义 B.3 设 $\pi: \bar{X} \mapsto X$ 为两个拓扑空间的连续满射，如果 $\forall p \in X$，存在一个邻域 U_p，使得在 $\bar{X}$ 上有一族互不相交的开集 V_α，满足

$$\pi^{-1}(U_p) = \cup_\alpha V_\alpha,$$

且 π 在每个 V_α 上的限制都是到 U_p 的同胚，则称 π 为一个**覆盖映射**. $\bar{X}$ 称为 X 的一个覆叠空间.

例题 B.2 设

$$H = \{(x,y,z) \subset R^3; x = \cos t, y = \sin t; z = bt, t \in R\}$$

为一螺旋线.

$$\mathbb{S}^1 = \{(x,y,0) \in R^3; x^2 + y^2 = 1\}$$

为单位圆周. 令 $\pi: H \to \mathbb{S}^1$ 为

$$\pi(x,y,z) = (x,y,0).$$

π 是一个覆盖映射.

例题 B.3(平坦环面) 设 m, n 为两个整数，定义 $T_{m,n}: \mathbb{R}^2 \to \mathbb{R}^2$ 为 $T_{m,n}(x,y) = (x+m, y+n)$. 如果存在 $m, n \in \mathbb{Z}$ 使得 $(x_1, y_1) = T_{m,n}(x,y)$，则称 (x_1, y_1) 和 (x,y) 等价. $\mathbb{R}^2$ 在这个等价关系下形成的商空间记为 $\mathbb{T}$，容易验证 $\mathbb{T}$ 是一个抽象曲面，事实上由于 $\mathbb{T}$ 可以看成是将单位正方形 $[0,1] \times [0,1]$ 黏合对边得到的，所以 $\mathbb{T}$ 同胚于一个环面. 商映射 $\pi: \mathbb{R}^2 \to \mathbb{T}$ 就是一个覆盖映射.

定义 B.4 $f: X_1 \to X_2$ 为一个连续映射，如果 $\forall p \in X_1$，存在开邻域 U_p 使得 f 在其上的限制为到像的同胚，就称 f 为一个局部同胚.

一个自然的问题是一个局部同胚映射何时为一个覆盖映射？我们先来看一个反例：取 $X_1 = \mathbb{R} \setminus \bigcup_{n \geq 1} \left(n - \frac{1}{2^n}, n + \frac{1}{2^n}\right)$, $X_2 = \mathbb{S}^1$, $\pi(x) = e^{2\pi i x}$. 易知 π 是一个局部同胚，但是对 $1 \in S^1$，找不到一个邻域满足覆盖映射的条件.

命题 B.2 设 $\pi: \bar{X} \to X$ 是一个局部同胚，如果 $\bar{X}$ 是一个紧集并且 X 是连通的，则 π 就是一个覆盖映射.

证明 由于 π 是一个局部同胚，所以 π 是一个开映射，$\pi(\bar{X}) \subset X$ 为开集. 又由于 $\bar{X}$ 是紧集，$\pi(\bar{X})$ 也是紧集，所以也必然是闭集. 这样 $\pi(\bar{X})$ 既开又闭，加上 X 的连通性，得到 $\pi(\bar{X}) = X$，亦即 π 是满射.

$\forall p \in X$，根据 $\bar{X}$ 的紧性，$\pi^{-1}(p)$ 必为有限点集，记为 $\{q_1, q_2, \cdots, q_k\}$. 这样对于 q_i，存在开邻域 $W_i \ni q_i$，使得 π 在 W_i 的限制是一个同胚. 记 $\pi(W_i) = U_i$. 令

$$U = \bigcap_{i=1}^{k} U_i \setminus \pi\left(\overline{X} \setminus \bigcap_{i=1}^{k} W_i\right), \quad \pi^{-1}(U) \cap W_i = V_i.$$

易知 $U \ni p$ 为一开邻域，满足

$$\pi^{-1}(U) = \bigcup_{i=1}^{k} V_i,$$

且 π 在每个 V_i 的限制均为同胚.

参考文献

[1] Aleksandrov A D. Uniqueness theorems for surfaces in the large. V. Amer. Math. Soc. Transl. (2) 21 (1962), 412-416.

[2] Do Carmo M P. Differential Geometry of Curves and Surfaces. New York: Dover Publications INC, 2016.

[3] Chern S S. From triangles to manifolds. Amer. Math. Monthly, 86.5 (1979), 339-349.

[4] Chern S S, Lashof R K. On the total curvature of immersed manifolds. II. Michigan Math. J., 5 (1958), 5-12.

[5] DeTurck D M, Kazdan J L. Some regularity theorems in Riemannian geometry. Ann. Sci. École Norm. Sup. (4) 14.3 (1981), 249-260.

[6] Francis G K, Weeks J R. Conway's ZIP Proof. The American Mathematical Monthly, 106.5 (1999), 393-399.

[7] Ghomi M, Howard R. Normal curvatures of asymptotically constant graphs and Carathéodory's conjecture. Proc. Amer. Math. Soc., 140.12 (2012), 4323-4335.

[8] Guillemin V, Pollack A. Differential Topology. New York: Prentice Hall, 1974.

[9] Han Q, Lin F H. Elliptic partial differential equations. Second. Vol. 1. Courant Lecture Notes in Mathematics. New York; Courant Institute of Mathematical Sciences American Mathematical Society, Providence, RI, 2011, x+147.

[10] Hatcher A. Algebraic topology. Cambridge: Cambridge University Press, 2002, xii+544.

[11] Hopf H. Differential geometry. Berlin: Springer-Verlag, 1983.

[12] Jiang Z L. Open problems in discrete geometry. 2023. https://www.zilin.one/slides/open_problems/2023-09-28.html#/.

[13] Lee J M. Introduction to Smooth Manifolds. Graduate Texts in Mathematics 218. New York: Springer, 2003.

[14] Moise E E. Geometric Topology in Dimensions 2 and 3. Graduate Texts in Mathematics 47. New York: Springer-Verlag, 1977.

[15] Morita S. Geometry of differential forms. Translations of mathematical monographs, Iwanami series in modern mathematics 201. American Mathematical Society, 2001.

[16] Osserman R. "The four-or-more vertex theorem". In: Amer. Math. Monthly, 92.5 (1985), 332-337.

[17] Petrunin A, Barrera S Z. What is differential geometry: curves and surfaces. 2023. arXiv: 2012.11814 [math.HO]. https://arxiv.org/abs/2012.11814.

[18] Petrunin A, Stadler S. Six proofs of the Fáry-Milnor theorem. Amer. Math. Monthly, 131 (2024), 239-251.

[19] Petrunin A, Barrera S Z. Moon in a puddle and the four-vertex theorem. Amer. Math. Monthly, 129.5 (2022). With artwork by Ana Cristina Chávez Cáliz, 475-479.

[20] 盐滨胜博, 盐谷隆, 田中实. 完备开曲面上全曲率的几何. 许洪伟, 叶斐, 译. 北京: 高等教育出版社, 2009.

[21] Spivak M. A Comprehensive Introduction to Differential Geometry, Vol. 2, Publish or Perish, 1999.

[22] Thomassen C. The Jordan-Schönflies theorem and the classification of surfaces. Amer. Math. Monthly 99.2 (1992), 116-130.

[23] Toponogov V A. Differential geometry of curves and surfaces. Boston: Birkhäuser Boston Inc., 2006.

[24] 伍鸿熙, 沈纯理, 虞言林. 黎曼几何初步. 北京: 高等教育出版社, 2014.

[25] 伍鸿熙, 陈维桓. 黎曼几何选讲. 北京: 高等教育出版社, 2020.

[26] 张筑生. 微分拓扑新讲. 北京: 北京大学出版社, 2002.

[27] 彭家贵, 陈卿. 微分几何. 2 版. 北京: 高等教育出版社, 2021.

[28] 张跃辉, 李吉有, 朱佳俊. 数学的天空. 北京: 北京大学出版社, 2017.

[29] 沈一兵. 整体微分几何初步. 3 版. 北京: 高等教育出版社, 2009.

[30] 凯曼. 丈量世界. 文泽尔, 译. 海口: 南海出版公司, 2015.

[31] 钮卫星. 天文与人文. 上海: 上海交通大学出版社, 2011.

图书在版编目(CIP)数据

微分几何 / 来米加编著. -- 北京 : 北京大学出版社, 2025.8. -- ("101 计划"核心教材). -- ISBN 978-7-301-35757-6

Ⅰ.O186.1

中国国家版本馆 CIP 数据核字第 20244AP255 号

书　　　名	微分几何 WEIFEN JIHE
著作责任者	来米加　编著
责 任 编 辑	尹照原
标 准 书 号	ISBN 978-7-301-35757-6
出 版 发 行	北京大学出版社
地　　　址	北京市海淀区成府路 205 号　100871
网　　　址	http://www.pup.cn　新浪微博：@北京大学出版社
电 子 邮 箱	zpup@pup.cn
电　　　话	邮购部 010-62752015　发行部 010-62750672 编辑部 010-62752021
印 刷 者	北京市科星印刷有限责任公司
经 销 者	新华书店
	787 毫米×1092 毫米　16 开本　10.75 印张　221 千字 2025 年 8 月第 1 版　2025 年 8 月第 1 次印刷
定　　　价	35.00 元

未经许可，不得以任何方式复制或抄袭本书之部分或全部内容。
版权所有，侵权必究
举报电话：010-62752024　电子邮箱：fd@pup.cn
图书如有印装质量问题，请与出版部联系，电话：010-62756370

数学"101计划"已出版教材目录

1.	《基础复分析》	崔贵珍　高　延
2.	《代数学（一）》	李　方　邓少强　冯荣权　刘东文
3.	《代数学（二）》	李　方　邓少强　冯荣权　刘东文
4.	《代数学（三）》	冯荣权　邓少强　李　方　徐彬斌
5.	《代数学（四）》	冯荣权　邓少强　李　方　徐彬斌
6.	《代数学（五）》	邓少强　李　方　冯荣权　常　亮
7.	《数学物理方程》	雷　震　王志强　华波波　曲　鹏　黄耿耿
8.	《概率论（上册）》	李增沪　张　梅　何　辉
9.	《概率论（下册）》	李增沪　张　梅　何　辉
10.	《概率论和随机过程 上册》	林正炎　苏中根　张立新
11.	《概率论和随机过程 下册》	苏中根
12.	《实变函数》	程　伟　吕　勇　尹会成
13.	《泛函分析》	王　凯　姚一隽　黄昭波
14.	《数论基础》	方江学
15.	《基础拓扑学及应用》	雷逢春　杨志青　李风玲
16.	《微分几何》	黎俊彬　袁　伟　张会春
17.	《最优化方法与理论》	文再文　袁亚湘
18.	《数理统计》	王兆军　邹长亮　周永道　冯　龙
19.	《数学分析》数字教材	张　然　王春朋　尹景学
20.	《微分方程Ⅱ》	周蜀林
21.	《数学分析（上册）》	楼红卫　杨家忠　梅加强
22.	《数学分析（中册）》	杨家忠　梅加强　楼红卫
23.	《数学分析（下册）》	梅加强　楼红卫　杨家忠
24.	《微分方程数值解法》	李荣华　李永海　武海军
25.	《数值分析》	包　刚　杨志坚　李铁香　刘　歆　武海军
26.	《数值线性代数》	高卫国　魏　轲　柏兆俊
27.	《复变函数》	王晓光
28.	《微分方程Ⅰ》	柳　彬　肖冬梅　张伟年

29. 《概率论与随机过程（上册）》　　陈大岳　任艳霞　章复熹

30. 《数学分析（第一册）》　　　　　张　然　翟起龙　段　犇　尹景学

31. 《数学分析（第二册）》　　　　　张　然　王　蕊　翟起龙　王春朋

32. 《数学分析（第三册）》　　　　　王春朋　王　蕊　吕俊良　段　犇

33. 《微分几何》　　　　　　　　　　来米加